U0173598

燧人氏
—— SUI REN SHI ——

为你钻取
智慧之火
Get the fire of wisdom for you

机智

AGE OF WIT

IN THE LAIR OF

INTELLIGENT

ROBOTS

天时代

—— 在智能机器人的老巢

吕啸天 著

SPM
南方出版传媒
广东人民出版社
· 广州 ·

图书在版编目（ＣＩＰ）数据

机智大时代：在智能机器人的老巢／吕啸天著．--
广州：广东人民出版社，2020.1
（"创新在广东"系列）
ISBN 978-7-218-13859-6

Ⅰ.①机… Ⅱ.①吕… Ⅲ.①智能机器人－研究
Ⅳ.①TP242.6

中国版本图书馆CIP数据核字(2019)第196465号

JI ZHI DA SHI DAI
机智大时代——在智能机器人的老巢　　吕啸天　著　　版权所有　翻印必究

出 版 人：肖风华

策划编辑：汪　泉
责任编辑：汪　泉
文字编辑：于承州　刘飞桐
装帧设计：礼孩书衣坊
责任技编：周　杰

出版发行：广东人民出版社
地　　址：广东省广州市海珠区新港西路204号2号楼（邮政编码：510300）
电　　话：（020）85716809（总编室）
传　　真：（020）85716872
网　　址：http://www.gdpph.com
印　　刷：佛山市迎高彩印有限公司
开　　本：787毫米×1092毫米　1/16
印　　张：16.75　　字　数：200千
版　　次：2020年1月第1版
印　　数：2020年1月第1次印刷
定　　价：68.00元

如发现印装质量问题，影响阅读，请与出版社（020-83795749）联系调换。
售书热线：（020-85716826）

代序

"机智大时代"的广东巨变

任玉桐

"就像100年前的电力一样，人工智能将改变每个行业。"人工智能计算机科学家、全球领导者安德鲁·吴说："工业、医疗、保健、教育、交通、零售、通讯和农业，在这些行业里人工智能都将发挥重大作用。"

机智大时代带来的巨变正在深刻影响人类社会。中国以全球发展的目光瞄准了这一发展的焦点。2019年3月5日，在北京举行的全国人民代表大会上，李克强总理在政府工作报告中提出要发展智能产业，拓展智能生活，运用新技术、新业态、新模式，大力改造提升传统产业。这是以人工智能为核心的重点内容第二次被写进政府工作报告中。

"人工智能是引领未来、改变人类社会、改变世界的战略性核心技术"已成为全世界的共识，人工智能连接未来，机智革命将引领一个大时代的新变局和新格局。

国际机器人联合会认为，"机器人革命"将创造数十万亿美元的巨大市场。"机器人革命"有望成为"第三次工业革命"的一个切入点和重要增长点，将影响全球制造业格局，而中国将成为全球最大的机器人市场。

在人类的发展进程中，已经历过三次工业革命，分别是"蒸汽时代""电气时代"和"信息时代"，也分别将生产从1.0带入到了2.0和3.0。业内人士多将"工业4.0"视为是人类的第四次工业革命，典型特征是工业机器人组成的硬件物理系统与物联网和互联网组成的信息系统融合。在中国迎头赶上第四次工业革命的步伐时，一场工业机器人风暴已经在制造业中掀起，构筑了机智大时代的发展新蓝图。

在全球机智革命风起云涌之时，中国以稳健的经济运行和强大的市场需求为基础，以创新发展为动力，以转型升级为导向，以政策扶持为保障，以科学规划为指引，大力推动人工智能的快速发展，使机器人产业发展进入了一个全新的发展时期。

春江水暖，南粤先行。作为中国改革开放最前沿的广东，敢为人先、敢为天下先，创造了连续30年经济总量稳居全国各省（区、市）第一位的历史；在人工智能发展的简史上，广东也书写了极不平凡的篇章。

广东作为中国制造业大省，经济飞速发展。从20世纪90年代涌现"民工潮"到21世纪初惊现"民工荒"，人口红利和劳动力资本已失去优势，一个严峻的命题摆在了政府、企业和市场面前：如何破解用工难题，走出困局。"民工荒"惊现于2014年。机器人也在当年应运而生。2014年被业界称为中国机器人产业的发展元年，这也是广东、特别是珠江三角洲核心区推进机器人产业发展的重要节点。作为中国经济第一大省，在承受人力资源成本上涨、"用工荒"的巨大压力下，"机器换人"战略在顶层设计的推动下，在广东如火如荼地推行，广东珠江三角洲各市纷纷响应，深圳、广州、东莞、佛山、顺德等市区相继出台了机器人产业相关生产发展扶持政策。

梦想一旦被付诸行动，就会变得神圣。

2017年起广东省实施机器人产业发展专项行动，使当年全省机器人制造业产值达到600亿元。此后，广东不断完善工业机器人保费补贴政策，推进"机器人进集群"，提出在电子信息、食品饮料、医药、陶瓷建材、金属制品等行业中优先推广机器人应用。广东省经济和信息化委员会的数据表明，2018年广东机器人及相关企业已超过500家，机器人企业数量位居全国第一。当年上半年工业机器人产量达13621台（套），同比增长54.9%，占全国产量22.67%。广东多个城市在机器人产业上不断发力。2018年9月，佛山市顺德区政府宣布与碧桂园集团合力打造机器人全产业链高地，计划5年内投入至少800亿元、引进1万名机器人专家及研究人员。东莞松山湖国际机器人产业项目也在当月正式开建，东莞宣布将在2年时间内将其打造成世界级机器人产业园区，容纳和孵化超过100家机器人产业创业团队。随着制造业转型升级的不断推进，广东一跃成为国内最大工业机器人应用市场，成为国内最大的工业机器人生产基地。

2018年3月，广东召开全省科技创新大会，研究部署下一步科技创新工作，《广东省新一代人工智能发展规划（2018—2030年）》，提出要把广东建设"成为国际领先的新一代人工智能产业发展典范之都和战略高地"。

2019年元月，广东省省长马兴瑞在广东省第十三届人民代表大会第二次会议上作政府工作报告提出：要坚持创新是第一动力，加快科技创新强省建设；全面组织实施九大重点领域研发计划，推动激光设备与器件、服务机器人、国际数学中心等国家重大科技项目和平台落户广东；在新一代通信与网络、量子科学、脑科学、人工智能等前沿领域布局建设高水平研究院。

《广东省新一代人工智能发展规划》对人工智能产业发展提出了三步走的发展目标。到2020年，人工智能成为助推广东产业创新发展的重要引擎，形成广东经济新的增长点，核心产业规模突破500亿元，带动相关产业规模达到3000亿元；到2025年，广东人工智能基础理论取得重大突破，部分技术与应用研究达到世界先进水平，产业核心规模突破1500亿元，带动相关产业规模达到1.8万亿元，形成人工智能深度应用发展格局；到2030年，广东人工智能基础层、技术层和应用层实现全链条重大突破，总体创新能力处于国际先进水平，聚集一批高水平人才队伍和创新创业团队，人工智能产业发展进入全球价值链高端环节，广东人工智能产业成为引领国家科技产业创新中心和粤港澳大湾区建设的重要引擎。

国脉与文脉相连，国运与文运相牵。产业强民族强，文化兴国运兴。

机智革命巨变下，善于把握先机的广东已站在全国人工智能产业发展的高峰。为广东机器人产业的发展呐与喊，鼓与呼，歌而赋，是一件必要的、也是极为重要的事情。

文章合为时而著，雄文合为事而作。

广东作家吕啸天历时近三年对广东的机器人产业及企业发展进行了全方位的采写。作者以全球的格局、中国的发展部署、广东前瞻性顶层设计为全书布局，将各地纷纷响应抢抓机遇，通过龙头企业引领链接产业链进行集群发展，以一个个鲜活的案例展现广东在发展机器人产业、出台扶持政策、引进龙头企业、举办国际机器人大会、创办全球最大机器人超市、创建中国（广东）机器人集成创新中心等重大举措取得的喜人成就，无不令人振奋和鼓舞。

　　携手同行，成就彼此。朝气蓬勃日新月异的广东机器人产业发展为文学作品贡献了最生动、最鲜活的现实题材，而这部文学作品的创作与问世又为南粤机器人产业发展增添了许多亮色。

　　新篇章扣人心弦，创业史波澜壮阔。多角度，全方位，大视野，《机智大时代》全书凸显知识性、趣味性、文学性、思想性和前瞻性，本书既书写了广东拥抱新时代奔跑追梦抢抓发展机遇的生产发展宏图，又展现了人工智能带来的大变局，可为各地党委、政府和企业发展机器人产业布局和决策提供参考文本。该书也是培育和践行社会主义核心价值观，体现中国梦主题，弘扬主旋律、反映时代精神的现实题材的好作品，也是到目前为止，广东作家创作的第一部以发展广东机器人产业为题材的文学作品专集。这也可视为广东人工智能产业发展历程中的一件盛事。

　　是为序。

（作者为广东省机器人协会执行会长）

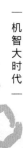

目 录
CONTENTS

第三辑　新局：机智时代

引　子

异想天开

引子
异想天开——机器造人千年梦想之旅

梦想一旦被付诸行动，就会变得神圣。

——英国天文学家　阿·安·普罗克特

我们因梦想而伟大，所有的成功者都是大梦想家：在冬夜的火堆旁，在阴天的雨雾中，梦想着未来。有些人让梦想悄然绝灭，有些人则细心培育、维护，直到它安然度过困境，迎来光明和希望。

——美国第28任总统　威尔逊

机智革命开启了一个大时代

黑夜里一片温暖沼泽地\对岸紧闭着\沼泽地的背后都是迷茫\无所事事\沉睡中的羚羊坐了起来\因为欣喜在等待。（《沼泽地的记忆》）

天际露出少女的红晕\上帝用蓝色的尺丈量黑暗的微风\鹦鹉坐在傍晚悲伤地哭\秋天的公园，从未如此灰暗\三四个学生\坐在亭子里\写字\悲音\能暗示命运？\歌声从三个方向飘起\谁在清晨的剧院演奏天籁之曲？（《悲音》）

一棵倒立生长的云杉\在月光底下\泛着鹅黄的光线\秋的昆虫\在草木间谈论着爱情\故乡\以及无法避及的死亡\雨水越来越远\一只只鸽子\接踵而至\我的幸福\失声哭了出来。（《倒立生长的云杉》）

2018年1月，几乎伴随新年的钟声，九首由机器人创作的诗歌引起了网民和诗歌界的关注与热议。

2018年1月8日，由中国国际投资贸易洽谈会授权发起的"2018首届中国资本春晚暨网上投洽会发布及选商择资大会"在深圳举行。来自北京市、广东省、海南省等共16个省、市的政府代表，近300家投资机构代表以及100位金融行业代表出席了本次会议。首届资本春晚最大的亮点是邀请优地机器人"优小妹"作为迎宾礼仪，协助工作人员完成接待工作。嘉宾到场时，优小妹在几米外就能感应到，并及时发声欢迎；它还在现场展示了导航、行走避障与交互功能，为活动打上了高新科技烙印：当签到处人流量大或人群密集导致无法通行时，优小妹就会停止行驶，并发出"请领导们让一让"的语音。这款机器人的灵敏性与技术的先进性，让与会嘉宾情不自禁发出"科技发展真是日新月异"的感慨。

具有"世界工厂"之称的广东省东莞市，早在2016年1月26日就出台《关于大力发展机器人智能装备产业打造有全球影响力的先进制造基地的意见》1号文件，该《意见》鼓励通过贷款、金融租赁等形式让企业零首付实现"机器换人"；东莞市计划到2018年，80%以上的工业企业实现"机器换人"。

2019年3月，世界500强企业、房地产巨头碧桂园集团的董事局主席杨国强在接受记者专访时表示，公司即将进入到人工智能建房的新时代，将采用机器人智能技术，成功将房地产业与科技领域相结合，碧桂园将斥1500亿巨资，培养大量AI干部和工人，建立一个机器人的全新产业体系。"我们现在做的主要是两个，一个是建筑机器人，一个是机器人餐厅。我

们请了顺德最优秀的厨师，教机器人做菜，并达到准时准量，这是一个趋势。更重要的是建筑机器人，希望10个月后能在很多地方用机器人做建筑。"杨国强说："我也曾经在工地做过建筑工人，重复的高强度劳动很艰辛。现在机器人技术已经比较成熟，如果我们有足够优秀的人把建筑机器人做出来，我们会成为最先进的房地产公司，我们现在要朝着一个高科技企业去做。我们要迎接'机器人建房子'时代的到来。"

机器人、人工智能已成为新时代的热词，已成为广东、全国乃至全球高度关注的一大焦点。机器人早已成为时代的主角，流水线正逐渐被机器人取代，服务业进入人机交互新阶段。在看得见的地方，机器狗健步如飞，机器人服务员进了餐厅，谷歌的无人驾驶汽车已经在马路上试跑了好几年了。机器人比人更精确、质量更稳定、几乎不犯错误、24小时无休息，在有的领域还有可能比人更聪明，比如谷歌阿尔法围棋（AlphaGo）的棋艺已经完全超越了最顶尖棋手。

机器人取代了繁重的人类劳动，提升了工作效率，降低了企业运行成本；它拓展了人类的能力，能代替人类潜入到万米深的海底，让我们见识了未知的海底世界；它深入太空，向着深邃的宇宙进发；它向我们展示了一幅关于未来的图景：你早上起床，机器人给你准备好了早餐，去上班有无人驾驶汽车或者飞机随时待命……

与此同时，关于机器人将造成负面影响的言论也甚嚣尘上，引人忧虑和深思。比如就业问题，大量使用机器人后，它将省下快递业70%的人力，快递从业者将面临丢饭碗的风险。然而实际上，它也给别的行业增加新的就业机会，如随着机器人制造业、维修服务行业等新兴产业的兴起，机器人研发、制造、维护人员的需求将会增加许多新的就业岗位。当然大众非常关心的还有安全问题，机器人伤害人类的事件偶有发生，不少人谈之色变。

随着科技的进一步发展，越来越多的新生行业将在机器人的产业链中涌现出来。此消彼长，当下人工智能突飞猛进，正处在时代的风口浪尖上。机器人从小说、电影中走向现实，走进工厂、餐厅、医院、社区和家庭……从而成为地球村关注的焦点，这项科学进步将深刻改变社会，影响每个人的生活、生存方式与命运。可以肯定的是，临界点最终会到来，而且变革来得可能比想象中的还要快。所以，机器人带来惊艳、带给未来希望的同时，也给人们带来困惑和担忧。对机器人的讨论和未来的预判方兴未艾，层出不穷。

软银CEO孙正义的预测则更耸人听闻，他认为，在未来的30年内，机器人的数量和智力都将会超过人类。

机器人取代人工可能对就业、对人类生活造成的影响，需要研究者们从科学角度作出分析，不仅从自然科学，也需要从文明演进、社会学甚至哲学等社会科学领域研究。

国际机器人联合会预测："机器人革命"将创造数万亿美元的市场。"机器人革命"有望成为"第三次工业革命"的一个切入点和重要增长点，将影响全球制造业格局，而中国将成为全球最大的机器人市场。

中国工业经济联合会会长李毅中认为，中国工业机器人2017年销量已达8.6万台，同比增长26.5%，占全球总销量的30%，保有量超过30万台，约占全球保有量的10%以上。到2020年工业机器人的保有量将达到100万台。中国机器人产业规模快速扩展，已成为世界第一大工业机器人应用市场。长三角、珠三角和东北等地区逐步形成了各具特色的区域产业集聚。

百度公司创始人、董事长李彦宏认为，人类历史上的历次技术革命，都带来了人类感知和认知能力的不断提升，从而使人类知道更多、做到更多、体验更多。人工智能是堪比任何一次技术革命的伟大变革，在技术与人的关系上，智能革命不同于前几次技术革命，不是人去适应机器，而是机器主动来学习和适应人类，并同人类一起学习和创新这个世界，用科技让复杂的世界更简单。而完成这一制胜法宝的便是人工智能。"我觉得人工智能是30年到50年的机会，下一个50年就拼人工智能。"

机器人起源说的N个版本

作为世界四大文明古国，聪明能干的中国人是发明制造机器人的先

驱，世界上最早的机器人诞生在中国。

所有的伟大，源于一次勇敢的尝试。人类社会从农耕时代走向工业文明的进程就是一条不断探寻科技革新，勇于开拓创新的进程。

据《列子·汤问》记载，机器人的传说要追溯到3000多年前的西周时代，有一天周穆王姬满去西方巡视，越过昆仑，登上弇山，在返回途中，碰上一个名叫偃师的工匠，自愿奉献技艺。穆王姬满召见了他，问道："你有什么本领？"偃师回答："只要是大王的命令，我都愿意尝试。但我已经制造了一件东西，希望大王先观看一下。"

穆王姬满说："明天你把它带来，我和你一同看。"

第二天，偃师晋见穆王。穆王问道："跟你同来的是什么人呀？"偃师回答："是我制造的歌舞艺人。"穆王惊奇地看去，只见那歌舞艺人疾走缓行，俯仰自如，完全像个真人。它低头就能唱歌，歌声很美妙；它抬起两手就跳舞，舞姿也很优美。它的动作千变万化，随心所欲。穆王以为这是个真的人，便叫来自己宠爱的盛姬和妃嫔们一道观看它的表演。快要演完的时候，歌舞艺人眨着眼睛去挑逗穆王身边的妃嫔。穆王大怒，要立刻杀死偃师。偃师吓得连忙把歌舞艺人拆开，展示给穆王看，原来歌舞艺人是用皮革、木头、树脂、漆等材料和白垩、黑炭、丹砂、青䕫之类的颜料制作而成的。穆王又仔细地检视，只见它里面有着肝胆、心肺、脾肾、肠胃，外部则是筋骨、肢节、皮毛、齿发，虽然都是假物，但没有一样是人所不具备的。把这些东西重新凑拢以后，歌舞艺人又恢复原状。穆王试着拿掉它的心脏，它就不能发声；拿掉肝脏，它就不能视物；拿掉肾脏，它就不能行走。穆王这才高兴地叹道："人的技艺竟能与天地自然有同样的功效吗！"他下令随从的马车载上这个歌舞艺人一同回国。

这是我国最早关于机器人的传说幻想。梦想打开了一扇神奇之门，此后数千年，中国人自主研发机器人的梦想一直就没有间断过。到了春秋晚期，被称为木匠祖师爷的鲁班，就利用竹子和木料制造出一只木鸟，它能在空中飞行，"三日不下"，这件奇事在《墨经》中有记载，堪称世界第一个空中机器人。

东汉时期，我国大科学家张衡，不仅发明了震惊世界的"候风地动仪"，还发明了测量路程用的"记里鼓车"，车上装有木人、鼓和钟，每走一里，木人就击鼓一次，每走十里击钟一次，奇妙无比。三国时期的蜀国丞相诸葛亮既是一位军事家，又是一位杰出的发明家。他成功地创造出"木牛流马"，这是运送军用物资的运输工具，分为木牛与流马。史载建兴九年至十二年（231—234年）诸葛亮在北伐时所使用木牛流马，其载重量为"一岁粮"，每车大约能运四百斤以上，每日行程为"特行者数十里，群行三十里"，为蜀国十万大军提供粮食。木牛流马可视为为最早的陆地军用运输机器人。

科学没有国界，在国外，许多国家都在进行机器人的研制。传说公元前2世纪，古希腊人发明了一个机器人，它是用水、空气和蒸汽压力作为动力，能够动作，会自己开门，可以借助蒸汽唱歌。

1662年，日本人竹田近江，利用钟表技术发明了能进行表演的自动机器玩偶；到了18世纪，日本人若井源大卫门和源信，对玩偶进行了改进，制造出了端茶玩偶，该玩偶双手端着茶盘，当茶杯放到茶盘上后，它就会走向客人将茶送上，客人取茶杯时，它会自动停止走动，待客人喝完茶把茶杯放回茶盘之后，它就会转回原来的地方，非常灵动可爱。

法国天才技师杰克·戴·瓦克逊，于1738年发明了一只机器鸭，它会游泳、喝水、进食和排泄，还会嘎嘎叫。瑞士钟表名匠德罗斯父子三人于公元1768—1774年间，设计制造出三个像真人一样大小的机器人：写字偶人、绘图偶人和弹风琴偶人。它们是由凸轮控制和弹簧驱动的自动机器，至今还作为国宝保存在瑞士纳沙泰尔市艺术和历史博物馆内。同一时期，还有德国梅林制造的巨型泥塑偶人"巨龙哥雷姆"，日本物理学家细川半藏设计的各种自动机械图形，法国杰夸特设计的机械式可编程织造机等。1770年，美国科学家发明了一种报时鸟，一到整点，这种鸟的翅膀、头和喙便开始运动，同时发出叫声，它的主弹簧驱动齿轮转动，由活塞压缩空气而发出叫声，同时齿轮转动时带动凸轮转动，从而驱动翅膀、头部运动。1893年，加拿大摩尔设计的能行走的机器人"安德罗丁"，则是以蒸汽为动力的。这些机器人工艺珍品，标志着人类在制造机器人从梦想到现实这一漫长道路上，前进了一大步。

今日工业机器人的最早研发记录可追溯到第二次世界大战后不久。在20世纪40年代后期，美国阿尔贡国家实验室就已开始实施计划，研制遥控式机械手，用于搬运放射性材料。这些系统是"主从"型的，能准确地"模仿"操作员手和臂的动作。主机械手由使用者进行引导做一连串动作，而从机械手尽可能准确地模仿主机械手的动作，后来通过机械耦合在主从机械手的动作中加入力的反馈，使操作员能够感觉到从机械手及其环境之间产生的力。20世纪50年代中期，机械手中的机械耦合被液压装置所取代，如通用电气公司的"巧手人"机器人和通用制造厂的"怪物"I型机器人就是这种类型。1954年G.C.Devol提出了"通用重复操作机器人"的方案，并在1961年获得了专利。同一时期诞生了利用肌肉生物电流控制的上臂假肢。

1958年，被誉为"机器人之父"的约瑟夫·恩格尔伯格创建了世界上第一家机器人公司Unimation。次年，他研制出了世界上第一台工业机器人，彻底改变了现代工业和汽车制造的流程，1988年，他又研制出了服务机器人。

中国工业机器人的发展起源于20世纪70年代末80年代初，在时任沈阳自动化研究所所长的蒋新松教授的推动和倡导下，中国进行了第一次机器人研究学方面的探索和研究，在机器人控制算法和控制系统原理设计等方面取得了一定的突破。1985年，上海交通大学机器人研究所完成了"上海一号"弧焊机器人的研制，这是中国自主研制的第一台六自由度关节机器人。1988年，上海交通大学机器人研究所完成了"上海三号"机器人的研制。1997年，广东佛山机器人有限公司总工程师刘汝发领衔研制出"手把手示教的喷涂机器人"，标志着广东首台自主研制机器人问世。

2008年，"十一五"期间重启机器人产业化的第一个项目由哈尔滨工业大学和奇瑞汽车联合开发，由于西方国家掌握的高端多轴控制系统对华存在出口限制，这台机器人控制系统采用两块PMAC三轴运动控制卡通过PCI总线进行数据交互，从而实现六轴控制，由于控制实时性以及控制功能和安全性方面的诸多问题，开发工作并不顺利。到了2009年，第一台奇瑞机器人研制成功，并投入到奇瑞第三焊接车间进行点焊应用。

此后十年间，中国的机器人产业发展已经初具规模，涌现出一批优秀的国产机器人品牌。

广东机器人发展专项行动

广东箭牌卫浴公司（ARROW）成立于1994年，是国内具有实力与影响力的综合性卫浴品牌，也是中国规模较大的建筑卫生陶瓷制造与销售企业之一，主要生产箭牌陶瓷卫生洁具、浴缸、淋浴房、智能便盖、智能坐便器、浴室柜、厨卫龙头、花洒及五金挂件等卫生间全配套产品。公司在全国各地拥有将近3000个销售网点，五大卫浴生产基地，分别位于佛山乐从、广东四会、广东韶关、江西景德镇、山东德州，总占地达5000多亩。

2013年，箭牌卫浴碰到了一个发展的难题：招工难，用工压力不断增大。在这样的困境的倒逼下，箭牌卫浴作出了一个大胆的决策：定制引进一件威力巨大的"秘密武器"，实现机器换人。

箭牌卫浴使用的"秘密武器"是佛山新鹏喷釉机器人，这是首个国产喷釉机器人，由佛山新鹏喷釉机器人公司研发的。负责人叫秦磊，他是广东省机器人专业技术委员会委员、广东工业大学机电专业博士后、佛山市新鹏机器人技术有限公司总经理，是国产机器人产业的推动者。

一年之后，箭牌卫浴公司的决策者觉得"机器换人"的决策无比正确：公司引进第一批喷釉机器人使用一年之后发现，节约人工花费1440万元，且因为优品率提升，企业每年可节省成本3440万元，这对一个企业的经济效益来说无疑是巨大的提升。

中国工程院院长周济说："机器人被称为'制造业皇冠顶端的明珠'，其研发、制造、应用是衡量一个国家科技创新和高端制造业水平的重要标志。"

就在广东箭牌卫浴为引进"秘密武器"而感到庆幸的时刻，广东美的集团也传来捷报，该公司于2016年12月以40亿欧元（约合292亿元人民

币）现金对价收购德国工业机器人巨头库卡集团。2017年上半年，美的集团成立广东美的智能机器人有限公司，把握智能物流、康复养老等市场新机会，整合内外部资源开发具有市场潜力的产品，物流机器人本体样机开发完成进入测试阶段，之后将逐步应用于安得智联科技的全国各地物流仓。同年8月30日，美的集团披露半年报，该公司2017年上半年实现营业总收入1249.6亿元，增长60.2%，净利润115.5亿元，增长12.9%，其中作为公司转型"第二跑道"的机器人产业收入达136亿元，公司成功收购的德国机器人巨头库卡集团营收135.13亿元，净利4.51亿元，分别同比增长35%、98%，达到历史最高水平。

中国工业经济联合会会长李毅中认中国机器人产业规模快速扩展，已成为世界第一大工业机器人应用市场，并在长三角、珠三角和东北等地区逐步形成各具特色的区域产业集聚。

人口红利消逝的趋势难以扭转，这是广东进行机智革命的最根本的主导因素。2004年1月起，有着近9亿农民的中国首次遭遇了"民工荒"，打破了农村剩余劳动力"无限供给"的神话。广东东莞官方首先确认民工紧缺，随后"民工荒"波及珠三角、长三角、环渤海湾地区，并向中西部地区纵深蔓延，其中尤以珠三角地区为甚，仅深圳、东莞两地农民工缺口就超过50万人，据估计，当年广东省农民工缺口近200万人，而且缺工人数还有逐步增长的趋势。

2008年金融风暴席卷全球，国内企业多为劳动力密集型加工企业，无数中小型企业因为资金问题纷纷落水。沿海地区"被迫"进行结构转型升级，资金充足的大型企业成功转型，从劳动力密集型跨越到技术密集型，而中小型企业则面临着改革开放以来的最大竞争压力，不断坠入"融资"泥潭。至2009年，广东省外来农民工减少45.2万人，减幅为2.4%，这是广东省外来务工人数第一次出现负增长。据广东省人力资源和社会保障厅统计，2012年春节从广东返乡的外来农民工约910万人，占在广东外省农民工1703万人的53%，到当年2月18日止，返回广东的外省农民工却只有839万人。

从民工潮到民工荒，政府、企业都在寻找破解之策，"机器换人"、机器代工成为共识。

"民工荒"惊现于2014年，机器人产业也在当年飞速发展。2014年被业界称为"中国机器人产业元年"，也是广东，特别是珠江三角洲核心区在推进机器人产业发展的重要节点。

作为中国经济第一大省，广东省在新一轮发展浪潮中大力推动机器人产业发展。时间倒回至2014年，机器人成为举国上下谈论的一个热词，政府热，企业热，全民热。根据一份发布的数据显示，2014年中国市场新增工业机器人为4.55万台，同比增长35.01%。而作为全国制造业大省的广东省在承受人力资源成本上涨、春节前后"用工荒"的压力时，对工业机器人的需求更为迫切。为了促进机器人产业的快速发展，深圳、广州、东莞、佛山、顺德等五市区相继出台了机器人产业相关生产发展扶持政策。

广州市：瞄准10亿元以上先进项目

作为中国三大门户城市之一的广州市，一直以敢为天下先的精神来引领改革风气。2014年4月，广州市政府就向全市印发《关于推动工业机器人及智能装备产业发展的实施意见》（以下简称《意见》），着力将智能装备产业培育为前瞻性产业，"到2020年，培育形成超千亿元的以工业机器人为核心的智能装备产业集群"是《意见》的核心内容。《意见》一出台便立竿见影，广州开发区迅速部署，开发区发改局迅速编制智能装备产业园区发展规划。经过半年多的摸查调研、征求意见后，2014年10月21日，广州开发区二届第16次常务会议审议并原则通过了《广州开发区智能装备产业园发展规划》（以下简称《规划》）。《规划》确立了"一园三区"的总体架构，将智能装备产业园分为北区（知识城）、中区（云埔工业园）和南区（老黄埔区智能产业园）。其中，北区为新建区域，主要承载研发、科技孵化和高端制造项目，是产业园未来发展中心。该《规划》确定了七项保障措施，在土地资源配置、财政资金支持、环保和程序简化等方面予以扶持，包括对实施技术改造投资额在10亿元以上的先进装备制造业项目，广州市将优先安排年度土地利用计划指标，并优先支持投资强度达到500万元/亩以上的优秀技改项目,助推广州成为国家重要的先进装备制造基地。

东莞市:争创全国智能制造示范城市

具有"世界工厂"之称的广东省东莞市借改革开放的东风,在20世纪90年代就拥有了数以万计的乡镇企业、外资企业,名震中外,赢得"广东四小虎"的称誉。当人口红利消减之后,东莞市果断出手,于2014年8月,推出了发展机器产业的两份红头文件:《东莞市推进企业"机器换人"行动计划(2014—2016年)》(以下简称《行动计划》)和《东莞市关于加快推动工业机器人智能装备产业发展的实施意见》(以下简称《实施意见》)。

按照该《行动计划》,东莞市到2016年将争取完成相关传统产业和优势产业"机器换人"应用项目,推动东莞全市一半以上的规模以上工业企业实施技术改造项目。《行动计划》明确提出,东莞将设立"机器换人"专项资金,推动实施应用项目。对通过自有资金、银行贷款、设备租赁等方式购买"机器换人"设备和技术的企业,将按照投入的一定比例给予事后奖励或贴息支持。

《实施意见》描绘了东莞市发展工业机器人智能装备产业的新蓝图:到2020年,东莞要成为全省乃至全国具有竞争力和影响力的工业机器人产业基地和智能制造示范城市。《实施意见》提出全市将对机器人产业在人才、土地、财政等方面给予大力支持,将加大财政扶持资金对工业机器人智能装备项目的倾斜。

顺德区:出台全省首份"机器代人"计划

广东省佛山市顺德区是中国改革开放的试验区,创新发展的热土,曾因大胆开拓创新、谋发展赢得了"可怕的顺德人"的赞誉。顺德区从2012起连续七年雄居中国综合实力百强区第一席。

机器人产业潮涌珠江，顺德区又一次把握了先机。2014年7月3日，广东省内首份"机器代人"计划在顺德区发布。这份计划从起草到发布只历时半年，顺德区拟通过该份计划推动区内制造企业加速采用工业机器人，同时又拉动区内机械装备产业产值在未来3年实现翻番。

《顺德区关于推进"机器代人"计划全面提升制造业竞争力实施办法》（以下简称《计划》）鼓励家电、机械、家具、纺织服装、包装印刷、建材、五金照明、汽车配件、精细化工、生物医药等行业的制造型企业通过智能装备、成套自动化生产线等技术改造更新技术装备和设备，推广智能装备与工业机器人应用，在每个行业中选取不少于30家企业开展改造示范。

《计划》规定，骨干企业通过技术改造核准且智能设备购置金额超过500万元的，将可获得设备购置费10%的财政部补贴，单个企业补贴额最高为100万元；区内年营业收入在2000万元及以上的法人工业企业，采购在本区注册、在本区纳税的智能装备和工业自动化企业提供的装备、解决方案或系统集成服务，通过技术改造核准且当年设备购置总金额超过200万元的，按设备购置费总额的一定比例给予补贴。

佛山市：打造万亿规模先进产业基地

佛山市位于珠江三角洲腹地，地灵人杰，是广府文化的发源地之一，自明代以来就以发达的商业、铸造业、医药业闻名大江南北，与北京、汉口、苏州并称"天下四聚"，又与湖北汉口镇、江西景德镇、河南朱仙镇并称中国四大名镇。以制造业闻名的佛山近年来在全力建设具有全国影响力的制造业转型升级示范城市，全力建设面向全球的国家制造业创新中心，这将在推进粤港澳大湾区重要节点城市群的建设中发挥重要的作用。

2014年10月下旬，佛山市政府常务会议审议了《佛山市人民政府办公室关于印发佛山市打造万亿规模先进装备制造业产业基地工作方案的通知》（以下简称《通知》）。这份红头文件的最抢眼之处在于：为鼓励做大做强装备制造业，给予营业额、税收上规模的企业以最高1000万元不等

的资金奖励，同时为推广机械智能化生产，购买机器人的企业也可以获得每台1万元的奖励。

《通知》对机械装备龙头企业的直接奖励也令人感到惊喜：对主营业务收入首次达到10亿元且税收超2000万元的企业奖励200万元；首次达到50亿元且税收超过5000万元的企业奖励500万元；首次达到100亿元且税收达到1亿元的企业奖励1000万元，以上奖励资金按属地原则由各区政府负责。

为了使红头文件能得到很好的执行，佛山市还由市机械装备协会筹资500万元，佛山市财政拨出专项费用500万元，共同设立专项资金对销售本土机械产品的贸易公司进行奖励。对年销售额超500万元的企业奖励20万元，超1000万元的奖励50万元，超3000万元以上的奖励60万元。

深圳市：财政每年拨款5亿元扶持机器人产业

鹏城深圳在唱响《春天的故事》中写就中国特区经典华章，创造了特区速度，也创造了深圳的拼搏精神。作为全国经济中心城市、国家创新型城市、国际科技产业创新中心的深圳在发展机器人产业上更是需要抢夺发展先机。

2014年12月中下旬，深圳市出台了《深圳市机器人、可穿戴设备和智能装备产业发展规划（2014—2020年）》（以下简称《规划》）以及《深圳市机器人、可穿戴设备和智能装备产业发展政策》（以下简称《政策》）。

建设产业集群是《规划》的核心内容。深圳市将选择条件成熟的区域，建设2—3个机器人产业园区，以具有国际竞争力的工业机器人骨干企业为核心，带动园区中小企业进行专业化配套生产，形成区域协作完善的产业集群。

《政策》极具魄力和前瞻性，提出从2014年至2020年，连续7年，深圳市财政每年拨款5亿元，设立市机器人、可穿戴设备和智能装备产业发展专项资金，支持产业核心技术攻关、创新能力提升、产业链关键环节培育和引进、重点企业发展、产业化项目建设等。专项资金建立无偿资助与有偿资助相结合、事前资助与事后资助相结合、财政引导和社会参与相结合的市场化投入机制，形成直接补贴、贷款贴息、股权投资、风险补偿等多元化扶持方式。

根据《政策》，为了增强城市原始创新能力，深圳市鼓励组建一批工程实验室、工程中心和公共技术服务平台等创新载体，主要采取直接补贴的方式予以专项资金支持。其中，在深圳设立符合规定条件的市级工程实验室、重点实验室、工程（技术）研究中心、企业技术中心，最高给予500万元的专项资金支持；企业、高等院校和科研机构承担国家工程实验室、国家重点实验室、国家工程中心建设任务并在深圳实施的，最高予以1500万元配套专项资金支持。为加强产业公共技术服务平台建设，加大关键共性技术研究开发与应用示范力度，对开放式、专业化共性技术服务平台建设，最高予以500万元的专项资金支持。

随着制造业转型升级的不断推进，广东一跃成为国内最大工业机器人应用市场，从各地出台的机器人产业规划和扶持政策释放的信号看，围绕振兴实体经济、"中国制造2025"、智能制造和先进装备制造业等转型升级为主线，广东从顶层设计以及各地各出奇谋将力推机器人产业的新发展、大发展。

2017年广东省实施机器人产业发展专项行动，使全省机器人制造业产值达到600亿元。广东还在不断完善工业机器人保费补贴政策，大力推进"机器人进集群"，提出要在电子信息、食品饮料、医药、陶瓷建材、金属制品、民爆等行业中，优先推广机器人应用。广东具体的量化目标是，2017年全年要新增应用机器人2万台左右。作为制造业大省，广东近年掀起"机器换人"浪潮，机器人产业也逐渐成为广东发展智能制造的一个突破口。从2016年到2017年两年间广东已成立了3个机器人制造研究院，组织了15家重点企业进行重点突破，成立机器人联盟进行科学攻关。

2018年3月26日，广东召开全省科技创新大会，研究部署下一步科技创新工作，《广东省新一代人工智能发展规划（2018—2030年）（征求意见稿）》以大会材料的形式出现在会场，并提出"成为国际领先的新一代

机智大时代

人工智能产业发展典范之都和战略高地"的目标。

　　根据广东省的规划，广东机器人产业发展将分"三步走"：到2020年，要处于国内领先水平，产业核心规模突破500亿元，带动相关产业规模达到3000亿元；到2025年，人工智能产业核心规模要突破1500亿元，带动相关产业规模达1.8万亿元；而到2030年，整个人工智能产业发展要进入全球价值链高端环节。

第一辑

引领：机智造人

第一章

死与生：首家机器人公司的涅槃

在一切大事业上，人在开始做事前要像千眼神那样察看时机，而在进行时要像千手神那样抓住时机。

——英国文艺复兴时期散文家、哲学家　弗朗西斯·培根

不要以感伤的眼光去看过去，因为过去再也不会回来了，最聪明的办法，就是好好对付你的现在。现在正握在你的手里，你要以堂堂正正的大丈夫气概去迎接如梦如幻的未来。

——美国著名诗人、翻译家　郎费罗

　　人物档案：他出身于广州一个知识分子家庭，曾在广东韶关山村当过知青，1978年通过刻苦自学考入天津大学，成为该校首届电子计算机专业学生。学成之后，他先后在韶关某棉纺厂、原佛山印染厂、原佛山化纤厂做过技术员。1995年，他联合几位工程人员成立了佛山机器人有限公司，这是佛山乃至广东首家机器人公司。经过两年的探索和自主研发，公司生产出第一台"手把

手示教的喷涂机器人"，这也标志着广东首台自主研发的机器人正式问世。当年，诺贝尔物理学奖获得者杨振宁博士前来佛山观看了它的表演并给予高度的评价。此后的四年间，该公司生产制造了6台机器人，但因为销路不畅、资金穷尽，2001年，佛山机器人有限公司淹没在历史之河中。13年后的2014年，机智大时代的来临带来了全新的机遇，他再次在佛山注册成立机器人公司，自主研发核心机器人产品——"手把手示教机器人"，肩负起自主研发机器人复兴的时代新使命。他就是佛山市科莱机器人有限公司董事长刘汝发。

第一节　曙光：从知青到天津大学首届计算机学生

青年之文明，奋斗之文明也，与境遇奋斗，与时代奋斗，与经验奋斗。故青年者，人生之王，人生之春，人生之华也。
　　——中国共产主义的先驱、马克思主义者、无产阶级革命家李大钊

人生是一次航行。航行中必然遇到从各个方面袭来的劲风，然而每一阵风都会加快你的航速。只要你稳住航舵，即使是暴风雨，也不会使你偏离航向。
　　——美国著名作家　西·切威廉斯

　　1978年的中国百废待兴，知青大返乡，个体户涌现，打破大锅饭制度，安徽凤阳点燃包产到户的"星星之火"，冲破了长期以来禁锢人们思想的牢笼，喇叭裤、披肩发、迪斯科风靡全国。这一年，举世瞩目的十一届三中全会在北京举行，中国大地拉开了改革开放的全新序幕。这一年，春天的故事唱响序篇，神州上下生机盎然，1978年的中国，是中华民族五千年历史上具有重要意

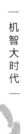

义的纪元。如果说1949年中国最大的变化是让中国人民站了起来，那么1978年则是中华民族从贫穷走向富裕、从落后走向富强的全新起点。对于所有的中国人来说，一切充满了挑战，一切充满了希望，一切还只是刚刚开始。刘汝发的命运在这一年就发生了根本性的改变。

1978年，对于广东知青刘汝发来说，是一个划时代的纪元。21岁的他以优异的成绩考入天津大学，成为该校第一届电子计算机专业系学生。

从山村知青到天之骄子，通过奋斗改写命运的人生历程最富传奇色彩。回眸往事，让时光回流到1957年，刘汝发出身于广州荔湾区西关一个知识分子家庭。

"东山少爷、西关小姐"是流行于广州坊间的一句俗语。广州东山区素来是当地权势实力人士的世居地，出入东山的多是官家子弟。而西关则是广州商业繁华区，出身富商之家的小姐多数居住在大屋里。东山洋房与西关大屋成为权力与财富、现代与传统的符号，成为20世纪30年代广州商业社会的缩影。

而这些跟刘汝发似乎没有直接的关联，他的父母都是单位里的会计，领着微薄的薪水把刘汝发和他哥哥养大成人。

"一转眼离开西关老家四十多个年头，幼时的事情多数都遗忘了，但是记忆最深刻的是幼儿园成长的经历。"刘汝发满含深情地说："我当年就读的幼儿园叫寺贝通津幼儿园，后改名为东方红幼儿园。这是当时广州最好的幼儿园。当时许多中外国家元首来广州视察访问，都会选择到这所幼儿园参观。"

教育质量好、教学方法优，幼儿园给了刘汝发良好的启蒙教育，让他能找到读书、学习的乐趣，以至于后来读小学、中学时，刘汝发在学校的成绩都非常优秀。

玩耍是儿童的天性。刘汝发记忆最深刻的是，小时候一家人住在西关大屋里面，而同时住在一间大屋里的则有4户人家，再加上外面街上很多小朋友。"那时候都喜欢在一起玩，整条街的小孩子在追逐打闹、开心畅玩中度过了美好的童年，形成了一种比较好的团队精神吧。"

直到花甲之年的今天，刘汝发和这群"发小"们还保持着一年聚两次的习惯，一春一秋，喝茶叙旧——2019年3月初就聚了一次。或许正是这样的团队精神，为多年后刘汝发在亲历了广东首台自主研发机器人的问世和铩羽后，能向死而生，带领原机器人公司的核心团队再次走向研发的大舞台提供了重要的精神支撑。

　　家风历久弥新，身教重于言教。家风是一个家族代代相传沿袭下来的，体现家族成员精神风貌、道德品质、审美格调和整体气质的家族文化风格，带着每个个体成长的精神足印，影响深远。

　　"在成长过程中，对我影响最大的人是我的爷爷。"刘汝发说："我的爷爷生活在比较富裕的家庭，但是他自小勤奋好学，我爷爷兄弟三人先后考上北京大学，这一直成为整个家族的骄傲，也是我学习的榜样。"

　　刘汝发的父亲打得一手好算盘，20世纪60年代在参加单位及系统的比赛中曾多次获奖。在60年代初期，刘汝发的父亲从广州调到韶关市一家工厂工作，不久之后，他的母亲也跟了过去，家便安在了韶关市。

　　刘汝发则留在广州继续度过自己的中学时光。他在当时的广州市第二十九中学（1998年改名西关培英中学）念高中。1974年高中即将毕业之时，他响应祖国的号召上山下乡接受贫下中农再教育。

　　那是一个百万城市青年涌向农村的特殊时期。离开课室收起书包，刘汝发因为父母都在韶关，选择到韶关乐昌的农村做知青。

　　从繁华大城市来到偏僻小山村，感受到最大变化的是生活环境的落差，而不变的是对于知识孜孜不倦的追求。知青生活艰苦，在日复一日经历繁重劳动之后的夜晚，当许多知青在思念家乡和亲人的感怀中落泪或倍感寂寞无聊时，刘汝发则在如饥似渴地悄悄读书。知青点的旁边建有一间化肥厂，化肥厂的技术员是早年从中山大学毕业的高才生，他的宿舍堆放着很多大学时的旧课本。晚上，刘汝发就来到技术员的宿舍苦读。在三年的知青生涯里，刘汝发似懂非懂地读完了高等数学、高等化学、高等物理等大学的课本。这为他日后参加高考打下了扎实的基础。

　　1977年，荒废了十年之久的高考制度恢复，中国百万青年的命运从此得到改变。当年冬天，570万考生走进了考场。刘汝发信心满满地完成了高考，结果他成了27.3万名被录取的考生之一，被广东一所师范大学录取。但是，因为他梦想是当一名科研人员，所以他放弃了这次机会。

次年夏季高考，二赴考场的刘汝发发挥良好，总分名列乐昌县考生的前十名，却阴差阳错进了天津大学。

"我的第一志愿是报考广东中山大学生物化学专业，我的理想是将来能到化肥厂工作，这项工作涉及化学知识比较多。但没想到录取我的却是天津大学。"刘汝发回忆道："后来到招生办询问，才知道当年广东省总体高考成绩并不理想，为了配合一些重点高校的录取，挑了一些高分学生让这些高校优先录取。就这样我进了第五志愿天津大学，被分配到电子计算机专业。"

从知青到天之骄子，成为天津大学首届电子计算机专业学生的刘汝发非常珍惜这来之不易的学习机会。回首40年前考上大学的情景，他的内心百味杂陈，"无线电系只有我们这40人的一个班是电子计算机专业，其中还有一位来自广东的学生，但我们俩即便讲普通话也要找翻译——因为他是海南人（当时海南隶属广东省）。"刘汝发风趣地说。当年那班同学毕业后有超过一半的同学去了海外发展，从事计算机及相关行业的有10多人，现在都还有联系。"2018年国庆我们回校参加校庆活动，随后77、78届还集中举行了小型聚会，以此纪念恢复高考40周年。"

恰同学少年，风华正茂。谈起大学时光，至今他都能讲得绘声绘色、手舞足蹈。"当时学计算机非常累，学校还没有真正意义上的课本，去图书馆也只能找到二十世纪五六十年代的苏联的版本。我们上课的课本还是教授自己拿蜡纸刻印的。"刘汝发回忆说，最早的计算机实验室也是"冰火两重天"，实验室内的晶体管一个挨着一个排得满满的，键盘像钢琴那么大，两三百个磁芯串起来形成的存储片摆在七八个大柜子里面，这样的存储量还没有现在最普通的计算器的存储量大。这些"庞然大物"凑在一起"呼吸"散发出巨大的热量，整个机房发热得就像少年火热的激情在燃烧。为了控制温度，实验室安装了制冷设备，学生们进入做实验得穿着棉大衣。尽管如此条件落后，但是刘汝发还是像许许多多的有志青年一样珍惜这来之不易的学习机会，一个又一个晚上，宿舍已熄灯了，他还在实验室里反复试验演算课题。这为他日后自主研发广东首台机器人打下了坚实的学养基础。

在学校读书的第二年，刘汝发跟同学们到北京参加国外举办一个展览活动，看到来自日本、美国的计算机，拥有1M的存储量，而当时中国的计算机水平还落后西方国家30—50年。"我们学得很初始、很基础、很杂，开发软件要学，电子机械结构之类的硬件也要会。"刘汝发说。初始的计算机专业与现在差别甚大，不像现在分得那么细致，学院里面分不同系、系里面又分为计算机应用等多个专业。

毕业后，刘汝发没有从事计算机有关的工作，因为当时计算机工作岗位少之又少。留在国内的同学们有的去机关单位，有的去了海关——海关里面有计算中心，还有个同学去了北京的计算中心，另有两位同学留在了学校的计算中心。

第二节　传奇：广东首台机器人面世　杨振宁为之欢呼

一切伟大的科学理论都意味着对未知的新征服。

——英国著名学术理论家、哲学家　卡尔·波普尔

作出重大发明创造的年轻人，大多是敢于向千年不变的戒规、定律挑战的人，他们做出了大师们认为不可能的事情来，让世人大吃一惊。

——法国著名数学家　费马

1994年，中国改革开放进入第十六个年头，这一年，世界上规模最大的水电站三峡工程正式开工，《中华人民共和国公司法》正式施行，著名电影公

司华谊兄弟成立。市场大潮风起云涌，社会发展一日千里，从"家庭联产承包责任制"到农村全面改革，从"走私""倒爷"到破除价格双轨制，从"大逃港"到设立4个经济特区，从"前店后厂"到民营经济崛起，从"承包经营"到国有企业改制，从"农民工"到产业工人，从"简单模仿"到"世界工厂"，体制的创新和利益驱动，激发出人民群众无穷无尽的创新创造力，群众的首创精神得到了充分尊重和释放，亿万中国人都在奋力拼搏，书写着这个时代的梦想与光荣。刘汝发在科技兴业上放飞了新的梦想。

有父母的地方，就是最好的家。大学毕业后的刘汝发，选择回到父母工作的韶关市，在一家棉纺厂当了一名技术人员，主要工作就是英国进口设备的安装和调试。

两年后，刘汝发与父母想从韶关迁回广州，但由于一些缘故，回广州的愿望落空了，他们最后选择到广东省佛山市。1985年，刘汝发的父亲来到佛山南方印染厂工作，成了佛山市第一批注册会计师，刘汝发则来到该厂设备科，从事影印设备维护工作。

"20世纪80年代末90年代初，佛山从国外引进了很多影印设备，于是接触智能制造设备的机会就多了起来。"刘汝发说，他一直在搞工业控制，手头上也私接一些类似机器人的项目，当时佛山彩管厂引进了法国汤姆逊集团的生产线，其中就包含机器人项目，他有个朋友在生产线工作，碰到问题修不好了就直接找他前去帮忙。

刘汝发自豪地说："当时在佛山附近，我在做工业控制这一块也算比较有名气的，很多人慕名而来找我，只要找到我，我就会尽力会帮忙。"墙里开花墙外香，在刘汝发做过的众多项目中，有个混凝土搅拌站项目令他记忆犹新。

当时，刘汝发跑去广州帮忙设计和安装一个带有自动称重系统的混凝土搅拌站。这个项目在全国范围内都是比较先进的。项目是广州市科委下属一家公司跟香港一家公司联手合作的，由香港的公司出面承接，由广州的公司负责具体设计生产，这种搅拌站带有自动称重系统，在内地基本上没有成功的先例。

"他们带我去香港看了一个搅拌站，回来我就帮他设计，可以自动出配方、自动打单、自动处理文件残余，设计投用后比当时在香港看过的样板还先进。"刘汝发说，很遗憾的是后来没有持续跟进这个项目。从全国范围来说，当时还没有这种标准的做法，都是在工地现场用铁铲铲好了放在电动器械上面摇搅，搅拌好了再用车运到现场。因为配方不标准，在建筑上就出了很多问题，加之当时的多是使用散装水泥，到了工地再打包，造成了很大污染，后来这种做法就被国家明令禁止了。

青年时代的刘汝发，精力十分充沛，每天工作结束之后，把休息时间用来做"钟点工程师"，每天凌晨两点钟前都不会休息。这样的"帮忙"也像是兼职，做成了基本上都有报酬。因此，刘汝发买了全工厂第一台摩托车，这样更方便他经常到处跑。

让刘汝发的名气得以提振的，主要是参与美国引进自动焊接线的一个项目维修。当时的佛山市澜石镇政府牵头成立了一家公司，从美国引进了一条先进的自动制管的生产线，因为配件坏了导致停工两月，先后请来广州、深圳、香港的技术人员都没有修好，刘汝发的朋友就介绍他去试试。没想到，他找准了问题"对症下药"，一下子解了燃眉之急。

1993年，刘汝发到佛山化纤厂。这一年，佛山的机器人产业开始兴起，在当时的佛山市科委的支持下，佛山已经开始进行工业机器人的研究。彼时，发展最为辉煌的佛陶集团毫无悬念被选中为产业应用的首选目标。在20世纪90年代，国内研究机器人的并不少，但多为研究机构，真正以产业化为目标的机器人公司可以说是凤毛麟角，"佛山应算是广东第一家！"刘汝发回忆。

2019年的初春阳光明媚，当走进佛山市科莱机器人有限公司时，只见喷涂工人正在"教"一台橘黄色的"手把手示教机器人"喷涂马桶，握着机器人的手腕"教"了一遍后，机器人就聪明地记下来并能照做了。而在车间一隅，一台布满灰尘与铁锈的机器人与其他崭新的机器人显得格格不入，机身上隐约可见的"佛山机器人公司"几个大字，诉说着它20年前的蹉跎岁月。

这台机器人就是佛山机器人有限公司生产的第三台机器人之"残

骸"。时间回到1995年，佛山机器人有限公司正式注册成立。"公司当时的名字是经过省工商局特批才能注册的。"刘汝发说，尽管在20世纪90年代，国家就提出"863计划"（国家高技术研究发展计划），确定了特种机器人与工业机器人并重的发展方针，但是，当时全国几乎没有一家机器人公司以地方命名，也极少有人将生产机器人当作产业运营，更多的还是研究机构在进行研究。

佛山机器人有限公司成立的一个重要"使命"，就是为当时作为国企的佛陶集团服务。早在20世纪80年代，佛陶集团就引进中国内地第一条意大利年产30万平方米彩釉砖的自动生产线，此后该集团又从德国引进第一条现代化的卫生陶瓷生产线。可以说，佛陶集团是当时中国建筑卫生陶瓷发展的领军企业。而就在佛山机器人有限公司成立的那年，佛陶集团被列入中国工业企业500强，是全国陶瓷行业中唯一上榜的企业。

然而，在20世纪90年代，要自主研发和生产一台机器人所需的技术和产业链配套远没有想象中简单。"我们研发团队去过意大利参观他们的机器人"，刘汝发说，意大利机器人主要是液压驱动，而佛山研发团队把其改为电力驱动，因为液压控制器相对来说响应速度不够快。

想要实现电力驱动，当时买不到现成的控制器，很多东西都要自己设计焊接。克服了重重困难，经过两年的研发与生产，1997年，由佛山机器人有限公司自主研发的"手把手示教的喷涂机器人"正式问世，标志着佛山乃至广东首台自主研发的机器人诞生，并迅速得到各方的关注。当年，诺贝尔物理学奖获得者杨振宁来到佛山，也观看了机器人的表演。

这段视频至今仍保存在刘汝发的电脑里：一位技术人员在一旁用键盘操作，机器人"手持"毛笔，在宣纸上缓缓写字。当机器人写完"欢迎"二字后，包括杨振宁在内的现场人员热烈地鼓起掌来。

1997年9月，这台机器人参加了在北京举办的"十四大以来经济建设和精神文明建设成就展"。据刘汝发回忆，在当时参展的企业中，只有佛山机器人公司一家企业是研发机器人产品的。

第三节　铩羽：受人口红利冲击机器人黯然退场

我会把我的灵魂与照片、苔藓一起，藏在一张剪贴簿里。

——加拿大著名艺术家　莱昂纳德·科恩

一朵成功的花都是由许多雨、血、泥和强烈的暴风雨的环境培养成的。

——中国近代著名作曲家、钢琴家　冼星海

2001年，中国改革开放进入了一个分水岭。这一年，中国加入了WTO，中国特色社会主义体系成功融入世界经济大格局。这一年，第一个在中国境内宣布成立并以中国城市命名的国际组织——上海合作组织。这一年，经国际奥委会投票表决，北京夺得2008年第29届夏季奥林匹克运动会举办权，中国实现"奥运梦"。这一年，由25个亚洲国家与澳大利亚发起的博鳌亚洲论坛宣布成立，海南博鳌成为论坛总部永久所在地。这一年，我国第二艘无人飞船"神舟二号"在酒泉卫星发射中心发射升空。这一年，世界三大男高音歌唱家普拉西多·多明戈、何塞·卡雷拉斯和鲁契亚诺·帕瓦罗蒂在北京故宫午门前为中国观众举办演唱会。而这一年，美股互联网泡沫破灭，美国次贷危机爆发，引发全球经济衰退。刘汝发也经历了从实干的振奋到前路迷惘的徘徊，经受了回天无力的不甘和痛苦。

生命不止，奋斗不息。时间总在后来告诉我们答案，唯有发展才能不被历史淘汰。

佛山机器人有限公司深谙这一道理。1998年，该公司打算突破首台机器人所使用的步进电机，改用更高级的伺服电机来研发第二台机器人，当

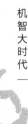

时在该公司工作的朋友就联系了刘汝发。于是，在佛山工业控制领域颇有名气的刘汝发，与佛山第一家机器人企业一拍即合，20年后前者成为"复活"后者的领路人。

说起第二台机器人的研发，步进电机造价便宜，但控制器需要自己开发，伺服电机比步进电机使用起来更先进，可以灵活控制机器人的六个轴，但要靠数控系统来做控制板，造价比较高。刘汝发就联系了熟识的广州数控设备有限公司，在该公司的帮助下成功研发出伺服电机的控制系统。

1999年，佛山机器人有限公司研发的六自由度全自动连续轨迹示教空间关节型喷涂机器人，被评为国家重点新产品，这便是刘汝发参与研发的佛山机器人有限公司第二台机器人。

佛山机器人有限公司自主研发的首台机器人，历经多次修改完善，卖到了佛山市当时的一家洁具有限公司做试验、演示、生产。第二台卖给佛山建陶厂，第三台留在了科莱机器人的生产车间里。

一口气做了6台六自由度喷涂机器人后，到了2001年，佛山机器人有限公司却走到了穷途末路。

领先和盛名并未让佛山机器人有限公司走上"康庄大道"，就像是很多知名画家生前画作无人赏识，辞世后却忽然被世人高度赞赏，身价倍增一样。由于材料和零部件的造价都不低，相关的机器人产业链配套几乎为零，当时的机器人价格昂贵。当时一台机器人的售价是50万元，而成本就超过35万元。

为推动更多的陶瓷企业购买机器人进行自动化生产改造，当时佛山市科委给购买机器人的企业每台补贴10万元，佛山机器人有限公司也补贴10万元。但即便有高额补贴，陶瓷企业仍然提不起很大的改造兴趣。同样的情况，买一台国外的机器人要200多万元，如果国内研发出生产线去卖的话，价格只会更昂贵，而这还不算最主要的问题，重要的是"当时所有人都这样认为：反正国产的没有国外的好。"刘汝发说，就像现在有些女士买衣服一样，国外品牌七八千元都出得起，国内品牌做到一千元都说你卖得贵。

除了主观因素，这与当时国内的人口红利密不可分。在当时，一名喷涂工人月薪才三四百元，而且还不愁找不到人。"你只要贴个红纸在门口，外面就排一大溜农民工，当时没有招工的压力。"刘汝发说，很多陶瓷企业告诉他们，你一台机器人只能替代我几个工人，而我养10个工人到退休还花不了那么多钱。

不仅价格高昂，当时的行业环境也根本无法与机器人发展配套。由于当时的"手把手示教的喷涂机器人"，需要机器人记录下操作员的操作轨迹，然后再读取、自行重复。示范轨迹需要存储进内存卡，而当时的内存卡容量只有4M，只能记录几个程序。而且机器人喷涂要求油料质量前后完全一致，而当时人工喷涂全靠工人经验操作，不具有规范性。

刘汝发也曾拿着这些机器人去第二汽车制造厂推销，对方说要上就上整条生产线。实际上，要上整条生产线的话，引进的生产线有日本的机器人，也有德国的机器人，国产机器人还无法建成集成系统。

"无论是造价、产业链配套、生产工序还是市场开拓都无法进行产业化运作。"刘汝发说，当时市场根本打不开，没有营销收入，而公司也不能再向政府申报更多的项目支持，可谓走到山穷水尽了。2001年，佛山机器人公司被迫注销。

"失落，灰心，伤心，绝望，我们发誓以后再也不搞机器人了。"即便现在想起，刘汝发还是感慨万千，心潮久久难以平息。

"佛山机器人公司倒闭前最后生产的第六台机器人通过省级相关鉴定，认定达到国内先进水平，还获得当年佛山市科技一等奖。公司关门时，第六台机器人作为公有资产被送到了佛山科学技术学院，期望将来当教学用品。"刘汝发有些无奈地说："我成立科莱机器人之前曾去学院交涉过，想买来回来作研发用，但学校说那是固定资产，报废就可以，但卖出来要按照公有资产拍卖流程与标准，要出50万元才行，于是不了了之了。"

或许是儿时的团队精神，以及擅长交友的基因在驱使，2002年，刘汝发和佛山机器人有限公司的其他业务骨干一起成立了佛山市禅城区华硕自动化设备厂，刚开始主要做非标准的自动化设备。"譬如汤姆逊、科龙、美的他们本身已有的自动化设备，我们去给他们做新的自动化设备，或是改造一些设备。"刘汝发说，后来发现还是对卫浴行当比较熟悉，于是把大部分精力放在了卫浴上面，做起卫浴专用设备，直到现在很多科莱的客户也是当时积累下来的卫浴企业。

到了2008年，金融海啸席卷全国、全球，珠江三角洲城市受到冲击，整个市场"哗"一下往下掉，很多企业倒闭或是裁员，农民工只好返乡。当时国家推出了很多政策，给返乡的农民工一些贷款等支持，鼓励他们开小店做生意，等到2009年经济回暖、企业复苏时，外省的农民工便较少来南粤大地"揾食"（工作）了。

从2013年开始，"火车站就挤满了招工的人，'民工荒'开始了。"刘汝发回忆。

刘汝发看准了这个机遇，重新做起了机器人集成项目。他买了ABB、法拉特等公司的机器人回来，组装好转台等配套，做成项目出售，那时就有企业开始接受了。"机器人的价格也下来了，我买一台机器人不到20万，自主研发成本又高，干脆还是做集成商好了。"刘汝发说。

然而，这些看似"便宜""好赚"的项目，并没有收获市场的太多好评，反而出了不少问题。刘汝发说，从2013年开始，陆陆续续就有机器人运转不好的反馈传到他耳中，除了上海科勒这家技术力量雄厚的美资企业运转得不错，其他公司呈压倒性的不良运行趋势。

深入到车间，刘汝发才了解到，做集成卖出去的是通用机器人，维持他们运转的是编程，即便是最初卖过去时教会了合作单位编程操作，甚至编出了一部分程序，但当实际运转中需要新增程序或修缮时，如果没有持续稳定的编程人才队伍，就很难维持运转。

当时编程人才紧缺，再加上很多卫浴厂连一名合格的电工都请不来，更缺乏这个实力去聘请编程人员，稍微好些的企业用高薪聘请了编程人员，可编好程序机器人能良性运转时，老板又会觉得编程人员闲置了，想着办法让他安装个开关插座之类打个下手，编程人员觉得不受到尊重，不久之后就离职了。

这些现象表明机器人的应用才处于刚刚起步的阶段，有天时，但缺地利、人和。直到2013年，机器人应用的风口期开始出现，加之通用机器人的应用反馈不佳，刘汝发猛然想起曾经的"手把手示教的喷涂机器人"不需要编程就可以操作，不少老板听后颇感兴趣，广州蒙娜丽莎卫浴股份有限公司提出可以先签合同再生产，刘汝发心动了。

第四节　复活：智能新时代机智新革命

·

不应当急于求成，应当去熟悉自己的研究对象，锲而不舍，时间会成全一切。凡事开始最难，然而更难的是何以善终。
　　　　　——文艺复兴时期英国戏剧家、诗人　威廉·莎士比亚

我愿从我的心走出，走在阔大的天空下。
　　　　　——19世纪末奥地利诗人　赖内·玛利亚·里尔克

2014年，中国进入全面深化改革的元年。这一年，中国宣布经济发展进入新常态，京津冀协同发展上升为重大国家战略，亚太经济合作组织领导人非正式会议在京举行，抗战胜利纪念日和国家公祭日设立。这一年，也被称为中国机器人发展的元年。作为大时代变革的见证者和亲历者，刘汝发经历了中国从农业化转向工业化，从工业化迈向互联网化，再从互联网化到全球化，最终融入了人工智能这个大浪潮的历程，成为一个机器人时代代表人物的传奇。遇见未来最好的方式就是创造未来。在人类历史长河中，创造已进行了几百万年，但这才仅仅是开始，世界正进入一个全新的不可估量的创造旺盛期。面朝大海，春暖花开，只是梦想起航的起点，百舸争流，奔跑追梦，才是前行者始终保持的航向。刘汝发正肩负着创新创造的新使命。

佛山是远近闻名的陶瓷之都，生产陶瓷的机械设备种类多，所产的瓷质耐磨抛光砖的技术达到世界先进水平。

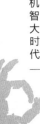

但是，喷涂这道工序在多数情况下还要依靠喷涂工人手工操作，因为通用机器人按照编程的轨迹操作，很难根据产品的细微变形及时调整，这会导致喷涂不均匀甚至产品无法上机，最终成为废品。此外，随着产品迅速更新换代，企业若非拥有专业的编程人员和足够的技术能力，很难实现机器人喷涂。这也是中小企业实现机械化的一个痛点。

不过，笔者走进位于佛山国家高新区的佛山市科莱机器人有限公司，发现这里只需有个喷涂工人手握机器人的"手腕"，直接拖动机器人进行喷涂，机器人就会自动记录该运动轨迹；再按下"工作"按钮，机器人就会自动循环轨迹工作，工人能轻松完成操控机器人的"三部曲"。

科莱自主研发的这台机器人叫作"手把手示教机器人"，不仅简单易学易用，无须编程即可便捷操控，喷涂适用性广泛，而且由于示教过程中可以看到喷涂的效果，机器人还能不停地按照工艺要求进行移动和修整，避免了喷不到、不均匀等问题，完全可以替代熟练工人的高强度机械劳动，提高1.5倍工作效率，且能消除各种人为误差的发生。机器人在环境较为恶劣、有害气体对人有直接伤害的岗位上代替人工操作，其好处自不待言。

科莱，正是刘汝发为"复活"佛山首台自主研发的机器人，与原佛山机器人有限公司的其他骨干一同创办的公司，其名称取自英文Clever，刘汝发希望这款会学习的"聪明"机器人能够真正获得市场认可。科莱成立于2014年，彼时是新一轮"机器换人"浪潮席卷全国，智能制造全面兴起的时代。科莱现有7个股东，注册资金是50万元，后来增加到110万元，实际投入410万元。

2016年，刘汝发自主研发出升级换代后的"手把手示教机器人"，让佛山首台自主研发的机器人在新的躯壳下"复活"。"与当年佛山第一台机器人的原理是一样的，但进行了很多更新和改进。"刘汝发说，这款机器人目前已经获准授权的发明专利有5项，实用新型专利10多项，还有四五项已经进入复审。目前，这是整个广东是唯一一家国内拥有核心科技的"手把手示教机器人"生产商。

"复活"后的机器人与20多年前的机器人相比，聪明的"灵魂"并未改变，只是注入了新鲜的科技活水，让机器人更简单易用了。一般来讲，机器人分为四大部分，即控制器、伺服电机与伺服驱动、减速机、本体（外壳）。在"手把手示教机器人"身上，外壳是刘汝发的团队自主研发的，伺服系统是日本引进的，减速器是国产的，这样一来成本相对低一些。

然而，最大的不同是，"手把手示教机器人"多了一部分，那便是平衡机构。"机器人有悬臂，支撑不好的话会掉下来，而且不承重；支撑好的话就会像大家在市面上见到的机器人，那悬臂怎么拽都拽不动。"刘汝发说，第五部分——平衡机构巧妙地解决了这个问题。

有的卫浴企业老板看完"手把手示教机器人"的演示后心动不已，直说，我把自己厂里的拿来给你改吧。刘汝发总会风趣地回应：改不了，除非你把它砸了我重新搞，因为整个机器的结构都不一样。

挂在董事长办公室墙面上的专利证书，叙说着科莱研制这个机器人的创新和不易。在2015—2016年间，科莱的核心研发团队曾驻点广州一家卫浴公司，花费半年时间研究机器人与浴缸喷涂工艺相结合的路径，做成了首个案例。正是用这种方式，科莱在佛山市一家陶瓷有限公司内做过陶瓷喷涂，在东莞做了木器家具喷涂，在顺德做家电外壳的静电喷涂……当前，科莱的"手把手示教机器人"已与广东各地的厨卫、家具、家电、电脑、金属、塑料、复合材料、灯饰等众多工业领域的工艺有机结合，拥有了成功的案例，接下来还将向打磨、自动包装等应用方向拓展。

"2018年4月，公司搬到中国（广东）机器人集成创新中心，拥有2500平方米的大场地，当年产值达到2000万，2019年实现翻番。"刘汝发说，这次搬迁让他对产能的扩大充满信心。

刘汝发认为，搬到中国（广东）机器人集成创新中心之后，可以促进"手把手示教机器人"与其他机器人企业进行互补。"我们的机器人拥有核心技术，目前也只有意大利一家企业会做，在国内与别的机器人制造商实现差异化发展，同时可以与更多集成商达成合作。"刘汝发表示。

当前，佛山的"机器换人"需求很大，尤其是中小企业，像"手把手示教机器人"这样成本低、操作易的机器人，可以说是中小企业生产的好帮手。一组数据显示，截至2017年11中旬，南海区有智能化技改示范企业6家，开展"机器换人"的规模以上工业企业27家，新增机器人应用452台，机器人制造及相关智能装备制造总产值7.6亿元。

近年来，科莱机器人所在的佛山国家高新区主动抓住新一代科技革命和产业变革的机遇，制定并施行大量的机器人扶持政策，落实"中国制造2025"战略，以制造业为本，以"智造"立心，为中国制造向中国"智造"转型，提供了鲜活的样本。

"它在新一轮机器人发展竞争中，抢占先机，串起全球—本土化资源，为中国'智造'探索出'政产研用'的有效机制。"2017年12月15日，"星光中国芯工程"总指挥，中国科协副主席，中国工程院院士邓中翰博士作为颁奖嘉宾宣布影响中国2017年度"中国智造"奖获得者为中国（广东）机器人集成创新中心时所说。

时势造英雄，英雄造时势。在智能制造风起云涌的时代，刘汝发和佛山首台自主研发机器人的故事，成为南粤机器人发展史上一个路标，诉说着20年邂逅与重逢的奇遇。刘汝发用坚持不懈的创业精神和为国为民的赤子之心，为广东机器人的发展事业提供了优秀的样本。

> 人物对话

死而后生　每天迎着朝阳前进

无论在什么样的社会里，一个人的理想，是为了多数人的利益，为了社会的进步，对社会生产力的发展起了促进作用，也就是说，合乎社会历史的发展规律，就是伟大的理想。

——无产阶级革命家、国务院原副总理　陶铸

笔者：当初，佛山机器人有限公司是为了服务佛陶集团而设立的，为什么没有顺应佛陶的需求，生产出他们所需要的整条生产线作为产品呢？

刘汝发：我刚毕业的时候，国内还没有生产机器人的企业。佛山在20世纪90年代末期建佛山彩管厂时，从国外引进了一个生产线项目，机器人只是其中一部分。当整条生产线引进来的时候，所有的设备和机器维护、管理等基本上可以到位，编程也有专人负责，再加上彩管厂集聚大批高级人才，技术力量比较雄厚。但是，卫浴行业本身设备基础比较薄弱，技术水平低、大部分是手工操作，最难的不是生产出一台机器人，而是如何促使机器人跟卫浴行业的工艺相结合。我们也曾考虑过顺应需求去发展，但是即便我们花费巨大的成本研发出生产线了，佛陶集团也不一定买账，首先是价格比国外的贵，其次是没有完善的配套服务，当然还有一个因素，那就是当时普遍认为进口货比国产货要好。

笔者：您创立佛山市科莱机器人有限公司，"复活"佛山首台自主研发的机器人时，是什么促使您这样去做？

刘汝发：佛山机器人有限公司解散后，我们一直在做专用设备。2009年就有人咨询说，我这里想用机器人那里想用机器人，他们也知道我们的背景，我们当时就推脱。我们说机器人不好搞，你们用不起。

两三年间，这样的需求不绝于耳，尤其是"用工荒"比较明显的时期，我们也看到了这个需求，中小企业需要"机器换人"，可国外的整条生产线价格高昂、维护费用庞大，再加上通用机器人也不好用，我们重拾原先的"手把手机器人"，应该是一种适合国情的做法，可以降低应用门槛，扩大应用范围，使机器人真正代替人力在恶劣环境下工作，为中国传

机智大时代

统制造业转型升级提供支撑。

笔者：媒体评价，您参与广东首个以产业为目的的机器人公司，见证了广东首台自主研发的机器人的问世，为广东机器人的发展起到了示范效应；20年后您"朝花夕拾"，"复活"了这台机器人，为整个机器人乃至智能制造行业创立了发展样本。那么对于后来的创业者而言，您觉得自己可以带给他们什么启示？

刘汝发：其实我一直是搞工业控制的，机器人是工业控制的一种。对于制造业企业而言，想要进行规模化生产得依靠智能制造，我们主要是做能适合中国国情的自动化设备，譬如"手把手示教机器人"，号称是最容易使用的工业机器人。对于创业者而言，我认为考虑的并非有多大能耐，而是只要看准一个方向，觉得这个方向可以走，就千方百计往下走。当然，要有承受各方面压力的思想准备，否则不要轻易去尝试。

笔者：当前，佛山高新区正全力打造中国（广东）机器人集成创新中心，您的公司已搬进去生产办公，享受到相关的政策优惠。您觉得这样的规划为您的公司带来了怎样的机遇和红利？

刘汝发：搬迁到中国（广东）机器人集成创新中心，正是佛山高新区管委会找我谈的，他们很重视我们的发展，包括南海区经济促进局也给了一些优惠政策。说老实话，科莱机器人是真正的本地开发，别说是在佛山，在广东能做到本地开发的也不多。我们研发"手把手示教机器人"，拥有核心技术，设备前景自然是有的。搬进去之后，我们将拥有2500平方米的场地，我们会着力扩大产能，并将应用向上下游延伸，希望明后年在产值上实现翻倍。除了总目标，我觉得佛高区的这一规划，给我们带来的红利还有互补发展。因为做"手把手示教机器人"的话，国内拥有核心技术的应该只有我们这一家，国外最早也是意大利有一家企业在做，但现在我们的技术已经比他们先进了。在这种情况下，我们在园区不仅可以与其他机器人本体制造商错位发展，还能更便捷地与集成商达成合作，引导集成商根据我们的特点生产出合适的集成配套，把我们的产品更好地推广出去。

笔者：中国机器人未来的发展之路，您认为会怎样走？

刘汝发：不光是卫浴行业，我认为中国现在的产业发展都向着寡头式发展来走，小企业生存空间被压缩，大企业都采用大规模生产、低成本的方式去扩张。这也是国家的发展策略，只有这样做我们的品质才能真正上去，因为产业大的话实现了规模化管理，成本降低、质量提升，研发生产机器人的小企业就没有生存价值，仿冒、低劣产品就没有生产空间。从这一点来看，无论是对于机器人还是其他专用智能设备而言，这真的是一个发展的红利。预计在五年、十年之后，其他新兴国家也会效仿这种寡头式发展思路，我们的智能制造设备饱满了就会输出，因此在接下来的20年，机器人都是非常具有潜力的朝阳产业。

笔者：您最崇拜的人或事物是什么，为什么？

刘汝发：最时髦的美国纯电动汽车品牌特斯拉。做苹果的乔布斯主要是把控住一个机会，把产品给做精。而特斯拉的理念是，只要能想出来就能做到最好，并且能坚持做下去，这个很重要。

笔者：您现在的工作状态会不会很繁忙，业余时间是怎么过的呢？

刘汝发：十年以前我基本上没有业余生活，每天都被工作挤满了。不过现在我基本上按照钟点上班，我儿子在科莱担任了总经理，分担了很多的工作压力，我的业余生活变得家庭化一些了，会多陪伴一下家人。不过，我一直想运动，却抽不出足够的时间。

第二章

博士后：第一使命的原动力

 两种东西，我们对它们的思考愈是深沉和持久，它们所唤起的那种愈来愈大的惊奇和敬畏就会充溢我们的心灵，这就是繁星密布的苍穹和我心中的道德律。

——德国古典哲学创始人　康德

 对一个人来说，所期望的不是别的，而仅仅是他能全力以赴和献身于一种美好事业。

——德国科学家、物理学家　爱因斯坦

　　人物档案：秦磊，1977年11月出生于河北省石家庄市深泽县，刻苦好学，中学考进河北极负盛名的正定中学就读，后以优异的成绩进入哈尔滨科技大学、哈尔滨工业大学深造。2008年获得博士学位的他被佛山市人民政府作为高级人才引进。现为广东工业大学机电专业博士后，广东省机器人专业技术委员会委员，广东汇博机器人技术有限公司总经理。从2013年6月起，他专注于国产自主产权的工业机器人开发和以工业机器人为核心的自动化生产系统的研制，陆续开发了瓷砖包装码垛生产线、自动检测线、喷漆机器人、自动化喷釉生产线、抛光打磨生产线等，累计销售机器人近1000台（套），服务企业超过200家，他带领企业获得"广东省机器人培育企业"称号，研发的洁具喷釉自动化生产系统成为国家重点支持项目。其事迹被《中国博士后》作为封面人物进行报道。

第一节 最早使命：为企业"定制"国产智能机器人

"草长莺飞二月天，拂提杨柳醉春烟。"几场春雨之后，佛山新八景之一的南国桃园里，鲜艳的桃花、飞翔的鹭鸟、绿色的树林和碧波荡漾的湖泊，尽显这座生态新城雍容、静谧、恬适的迷人魅力。南海黎边，这个有700余年历史的明清古村卧着诗一样、谜一般的岭南镬耳大屋，身披着被岁月浸渍成锈迹斑驳的青砖黛瓦，就像一幅素淡朦胧的水墨画令人神往。耸立在广东第一镇狮山的市民广场上的钟楼在蓝天绿草的映衬下，显得更加的挺拔雄奇。南边的中央公园百花盛开，万紫千红。佛山高新技术产业开发区繁华的工业园区机声隆隆，办公大楼灯光通明，宽阔的工业大道上车来车往，春潮滚滚。勤劳而勇敢的人们鼓足干劲扬起浩浩风帆加速前进，在奔跑追梦的征途上，活力无限，希望无限。

"2019年，对于我们公司来说将是飞速发展的关键之年，我们正在研发用于中国移动机房巡检的机器人和电网线路巡检的新一代机器人。同时我们还在谋划上市。2019公司的总产值预计将达到2亿多元，比2018年将增长50%。"2019年4月23日，广东汇博中国机器人有限公司总经理秦磊说。这位身材高大而壮实，方脸浓眉，具有典型北方人样貌的博士后一说起机器人就滔滔不绝，如数家珍。在广东乃至中国机器人业界，秦磊都被视为是一匹黑马，是一位不可多得的研发机器人的奇才。

为国内制造企业"定制"国产智能机器人，这正是秦磊这位博士后的事业，也饱含着他为之孜孜不倦努力奋斗和追求的家国情怀。

位于太行山东麓的河北省深泽县是一座历史文化名城。1977年11月，秦磊出生于深泽县的农村里。从小就刻苦好学的他在村里、镇里都是成绩非常拔尖的好学生。初中毕业后他以高分考进了百年名校河北省重点中学——正定中学。

2003年，他在哈尔滨工业大学机器人研究所读博士，师从大学机电工程学院副院长、机器人研究所所长孙立宁教授。孙教授主要从事和机器人有关的"863计划""973计划"和国家自然科学基金等项目的研发。2007年，博士毕业后，秦磊作为高级人才被引进到佛山华南精密制造技术研究开发院工作，成为企业博士后。此后的几年间，他出任过广东德科机器人技术与装备有限公司的技术副总监，也在广东工业大学和巨轮股份有限公司共同成立的广州研发中心，主持过工业机器人在智能车间和焊接工作站的应用工作，还在佛山创办金天皓科技有限公司，进行多领域仿真软件Mworks的应用与推广。

一切过往，皆是序篇。2013年，可视为秦磊真正为国内制造企业"定制"国产智能机器人的开端。这一年春节后，秦磊找了几位股东在佛山市南海区狮山镇创办了佛山市新鹏机器人技术有限公司（以下简称"新鹏公司"）。

对于任何一家新成立的公司而言，资金、人才与市场三大要素决定着这家公司的命运。"天时、地利、人和是成就事业的关键。对于发展机器人产业的人来说，佛山市和南海区都是一片沃土。"秦磊说，一方面，南海是制造业重镇，有最密集的产业应用土壤；另一方面，这里有良好的营商环境。2013年，新鹏公司在南海注册得益于佛山市创新创业团队的大力扶持，佛山市、南海区和狮山镇三级政府部门支持了900万元扶持经费，加上珠西装备、机器人产业相关的扶持办法，各级政府和相关部门扶持新鹏公司的资金高达2000多万元。

新鹏公司成立之初的主攻方向是工业陶瓷卫浴行业喷釉机器人系统研发与陶瓷洁具自动化机器人系统。

"我到佛山之后曾到陶瓷企业进行过调研，从实验室走进工厂，才发现环境差异如此之大：超过90分贝的机器声轰轰作响，车间里工人们对话要靠吼；空气中飘浮着粉尘，工人们带上了口罩工作，全身都沾上了白灰，仿佛一尊尊大理石雕像；有的车间散发着刺鼻的味道，这些对员工的身体健康损害极大。"秦磊说，没想到当时号称佛山支柱行业之一的陶瓷产业，工厂生产环境竟会如此恶劣。他问工人，难道就不担心身体健康受损？结果工人告诉秦磊，他们都是抱着"牺牲我一个，幸福全家人"的心态来上班的。秦磊对此感到极为震撼，也更坚定决心，希望能够开发出好的机器人产品，来替代工人在一些条件恶劣环境中工作。

佛山新鹏机器人技术有限公司成立之时正值金融危机之后，要拿到订单并非易事。箭牌卫浴成为新鹏公司的第一个客户。

箭牌卫浴（ARROW）成立于1994年，隶属于广东省佛山市顺德区乐华陶瓷洁具有限公司，是国内具有实力与影响力的综合性卫浴品牌，是中国规模较大的建筑卫生陶瓷制造与销售企业之一，主要生产箭牌陶瓷卫生洁具、浴缸、淋浴房、智能便盖、智能坐便器、浴室柜、厨卫龙头、花洒及五金挂件等卫生间全配套产品。该公司曾签约国际钢琴巨星郎朗为品牌形象代言人，并提出品牌新主张"舒适体验，箭牌时刻"，进一步升华品牌形象，挺进国际市场。国际化进程也使箭牌卫浴比国内很多同类企业更加推崇智能化生产，公司先后引进意大利、德国的最新高压注浆技术及高压注浆线，引进国外最先进的机械手自动喷釉技术，实现陶瓷洁具机械化智能化生产。

"我跟箭牌卫浴的合作是2010年从维修机器人开始的。最初箭牌从意大利和德国进口了智能化生产设备。客观来说，国外的智能产品的确做得很先进，但是在使用过程中一旦产品过了售后保质期出现了故障，使用者就会头痛不已。"秦磊说："国外的产品追求的是标准化生产，维保也是如此。老外接到通知，派人前来进行维修，从一上飞机开始就要算费用，每人每天要500欧元，来了以后要求入住五星级宾馆，而且从不加班，到点了就要休息。一趟下来要花掉数万元，还要赔上十天半月的时间，这让急于排险恢复生产的企业苦不堪言。"

当时，箭牌从国外购入了一台机器人设备，只用了一个多月就坏了，停用了很长时间。箭牌卫浴的老板就找秦磊过去帮忙，看能否解决此问题。

秦磊带着两个博士和箭牌公司技改办主任一起花了三天，费了很大劲，终于把一个出了问题的零部件更换掉。箭牌卫浴老板对秦磊的信任也建立了起来："秦博士还是很不错的。"双方从此拉开了合作的序篇。

2013年9月，首个国产喷釉机器人——佛山新鹏喷釉机器人正式在箭牌卫浴上岗了。同时研发出来的还有抛光机器人。这两个机器人项目申请了多项专利，还获得了"863"计划和国家发改委、广东省科技重大专项支持。

喷釉机器人是如何操作的？工人取下喷釉机器人的关节臂，演示喷釉过程，机器人的"大脑"马上记录下运作轨迹，并立即启动智能软件，结合节省釉料、减少废品率等要求，很快计算出最优化的喷釉操作程序。这种机器人是新鹏机器人公司借用航天技术研制的"教导机器人"，仅是教导模式就申请了3项发明专利。

按照箭牌卫浴前期的应用核算，机器人上岗后，每条喷釉线可节省2/3的人力，一年能节约人工费1440万元；抛光机器人则可替换公司打磨工人达300人左右，节省人员费用高达3600万元/年。而由于产品优等率提高，企业每年可节省3440万元。箭牌卫浴相关负责人表示，整体测算，箭牌当时已签订的上亿元机器人自动化改造项目投入，可在2年内全部回本。更重要的是，原来的喷釉、抛光工序工人长期工作在高粉尘环境下，对健康危害极大。机器人上线后，可以让工人远离粉尘、噪声等伤害，杜绝职业病的产生。

"我算下来，平均一台机器，可以顶2.5—3个人。其实，喷釉的效率，不是只由工人和机器人决定的，也不是由机器人可行动的速度来决定，而是由用料决定的，比如喷漆工序，得第一层釉干了才能喷第二层，釉面干的速度是由釉料本身决定的，还有通风环境、水分丧失的速度等，跟操作者本身的速度没直接的关系。"秦磊说，从这个角度来讲，机器人不一定就比人快，但综合效率高，能长期保持高效率、稳质量的生产，这点是人远远比不上的。

箭牌卫浴先后定制应用了160多台由新鹏公司打造的智能机器人。不久之后，新明珠、科勒、惠达等众多国内知名卫浴品牌都成为新鹏公司的客户。

箭牌集团总经办主任霍志标说："秦磊总经理技术高，做事务实、敬业，能够沉到企业一线去。他善于将复杂的事情简单化，解决企业的实际问题。人家不敢想的东西他敢想，人家不愿意做的事情，他沉得下心来做。他对佛山传统产业智能化转型的贡献很大。"

追梦的过程艰辛而曲折，碰到的阻力也很大，但是只要坚定信念，迎难而上，结果自令人振奋和惊喜。在强大使命的感召下前行，秦磊生产国产机器人的梦想，开始照进了现实。

秦磊自信而自豪地说："目前国外进口类似的喷釉机器人，要700多万元一台，企业投资后至少五六年才能回本。新鹏研发的同类机器人价格只有国外进口的一半，效率却是进口机器人的两倍，我们的产品还可以根据客户需求，随时为企业提供更低成本的定制化改进和远程升级。"

第二节　重要使命：研发生产线自动化系统

北京大学国家发展研究院院长姚洋认为，中国不但能搭上科技革命的列车，而且可能坐在头等舱里。要做到这一点，中国企业家的创新与奋发至关重要。伴随着中国经济的飞速发展，一个新兴的中国企业家群体正在快速崛起，属于企业家筑梦圆梦的大时代已经到来。回首历次产业革命可以发现，产业革命的技术基础往往来自科学家、发明家，但最终将科学创造发明付诸现实的，大多数时候却是企业家。美国化学家卡罗瑟斯提出了缩聚理论，发明了尼龙，而皮埃尔·S.杜邦才将他的研究成果推向市场，揭开了人造纤维时代的序幕。在机智新革命和瞬息万变的全球化时代，在第三次工业革命的大潮下，旧的生产方式、生产关系、组织模式、行为理念正在面临颠覆。创新正在激发企业的原动力、创造力，提升企业的竞争力。秦磊领衔的新鹏机器人公司正是这种创新理念的实践范本。

"道生一，一生二，二生三，三生万物"，这是宇宙生成论，也是道创生万物的历程。秦磊和他的新鹏机器人公司发展的路径正是如此。

如果说2013年是新鹏机器人公司的发展元年，那么2015年则是新鹏机器人公司发展的飞跃之年。

新鹏公司发展的目标明确，路径非常清晰。一开始新鹏的主攻方向是工业陶瓷卫浴喷釉机器人，在与箭牌、科勒、惠达等建立深度的合作关系后，新鹏公司对工业陶瓷和相关企业进行了摸底，去了广东潮州和河南等多个省市，这些地方都属卫浴企业的聚集区，仅潮州卫浴企业就达到500家，河南则约有300家。据不完全统计，全国卫浴企业超过2000家。他们第一个五年计划就是把这2000多家卫浴企业中的500家作为发展目标，第二步就是进行非标准化生产。

"纵观国外的机器人企业，标准化生产，程序化推进应用是他们一直倡导的模式。"秦磊介绍道："非标准化生产则是新鹏推进机器人研发应用的秘诀。中国卫浴企业数量众多，要求千差万别，标准化生产模式很难应用。新鹏完全是按客户所需，实行一厂一策、量身订制进行研发生产，所有的产品都能精准应用，发挥最好的效果。"

秦磊在推广机器人使用的过程中发现了一个重要的痛点和难点：制造工厂买回机器人本体后根本无法直接使用，需要与工厂的其他设备连接、调试之后才能使用。这就需要一套集成系统来帮助机器人本体匹配不同行业、企业的生产工艺和设备。而这是国外机器人企业的弱项，其设备无法贴合中国企业的特殊生产环境，售后服务也较为烦琐。为此，秦磊瞄准广东庞大的传统制造业体量，定位于为陶瓷、洁具、五金、卫浴等行业开发机器人集成应用系统，并提供产业自动化机器人解决方案。秦磊通过大量调研发现中国制造企业具有自身特殊的生产需求，必须通过"定制化"研发为企业解决问题。

"国外工人素质普遍较高，通过简短的培训就能操纵机器人。但中国工人需要经过一个月甚至更长时间的培训，这降低了生产效率，也使人工成本上升。"秦磊说，为破解这一难题，新鹏公司新开发了一套系统，研发了无动力示教关节臂。只需工人拖动示教关节臂进行一次喷涂工艺示范，关节臂就会自动记录数据并生成可连续生产的机器人程序。如此一来，机器人即可精准模仿示范的工艺进行生产。这套集成系统通过采集人工操作动作后自动生成程序，实现快速换产，一般只需10—30分钟。

从最初的单个机器人工作站，到生产线的自动化系统，再到整个厂的自动化改造，新鹏机器人的技术研发以及业务都在不停拓展。其中，与广东东鹏控股股份有限公司的合作堪称新鹏的典范之作。

广东东鹏控股股份有限公司位于中国著名陶瓷之乡佛山石湾，始创于1972年，20世纪90年代，东鹏率先将抛光砖引入中国，通过自主创新，建立省级技术研发中心、行业首个博士后工作站等多个研发机构，研发生产的玻化砖、釉面砖、梦之家仿古砖、幕墙瓷板、洁具、水晶瓷等陶瓷产品被广泛应用于国家大剧院、中华世纪坛、奥运九大场馆、世博会、亚运会场馆等知名工程。东鹏先后在美、英、德、意、法、韩、西班牙等30多个国家和地区注册了国际商标，产品畅销海外130多个国家和地区。2014年企业品牌价值132.35亿元，位列建陶行业榜首，成为中国陶瓷行业领航者。

"我们和东鹏正在做整个工厂的自动化改造，其涵盖的生产面积达两万多平方米。新鹏需要为东鹏设计一套智能制造解决方案，完成后不但可以节省将近一半的人力，并且可以全面提升生产水平。"秦磊说，针对东鹏整厂的自动化改造，新鹏研发了全面的信息化管控软件系统，通过分置全厂的1—2万个传感器实时传送数据，从而把生产线以及工人的运作情况通过信息化系统管控起来，提升对生产效率、资源消耗、安适预警、故障维修等多方面的管理水平，实现工厂智能化。一条输送线出现故障，过去设备科要花十几个小时检查到底哪个零部件坏了。现在监控中心能自动定位发生故障的零件。设备科定点检修，十分钟就能解决问题。

2019年新鹏与东鹏的合作得到了进一步的拓展，东鹏江门分公司生产线自动化系统还是由新鹏公司进行研发。东鹏江门分公司生产规模为年产100万件洁具。此次投入使用的共有100多台机器人，其中60台是六轴工业机器人，有40多台则是AGV搬运机器人。

目前新鹏在集成系统研发上已成为国内细分市场的翘楚，相对充裕的资金以及目前在佛山陶瓷卫浴制造业因口碑而赢得的广阔市场，成为新鹏公司继续做研发的重要保障。

创新是一个民族进步的灵魂，是国家兴旺发达的不竭动力。创新也是

企业家的主要特征，企业家不是投机商，也不是只知道赚钱、存钱的守财奴，而应该是一个大胆创新，敢于冒险，善于开拓的创造型人才，支撑新鹏稳健发展的就是自主创新研发。

"新鹏公司现有员工150多人，而专门进行研发的就100多人，公司的生产工人只有二十多个。工程施工、工程部门加起来只有三四十人。"伴随着制造业升级，中国已成为全球最大的机器人消费国，但中国八成市场份额都被外资巨头分走，自主品牌在这场"家门口"的较量中并不占优势。新鹏公司虽然巧妙地避开了外资品牌最为集中的传统焊接、汽车制造等通用机器人领域的"红海"，但又面临被人模仿和抄袭的困扰。

"我们以前做过瓷砖包装码垛生产线，虽然研发的时间比较长，但模仿的门槛很低，其他企业只要从我这里挖一两个人就可以仿制。"时至今日，这种生产线已经成为陶瓷行业的标配，但占有市场份额最大的并不是秦磊所在企业。这种模仿和抄袭更加坚定了秦磊自主研发机器人的决心。2016年10月，新鹏公司研发出"一种机器人抛光打磨系统程序复用的标定装置及方法"。该装置在获得源打磨系统和新打磨系统的标定特征点后，能够通过公式计算生成相应的程序，并装载到机器人系统中。这项发明装置结构简单，易于在工业上推广，其标定方法配合工业机器人的基本功能，建立了相应的转换算法，大大降低对多个系统间的设备安装位置要求，增加系统间的程序共享的柔性。该发明获得了第十八届中国专利优秀奖，成为新鹏公司的核心技术之一。

创新不止于此，新鹏公司研发的无动力关节臂，能实现机器人快速制作程序，并实现快速换产的核心技术，在这一领域就有5个发明专利。技术需要积累，新鹏公司积累了全世界超过3000种洁具的喷涂程序，其他公司最多的不超过100种。

"我们要做别人无法模仿的东西。"秦磊认为，作为创新型企业，技术是其核心竞争力，虽然这些技术都谈不上颠覆性，但至少门槛高了很多。以某机型为例，国外某知名品牌做出了一款类似的产品，但已经比新鹏公司晚了两年多。在这两年中，新鹏公司已经占据了该领域六七成的新增机器人用量。

目前，新鹏申请的专利已达到40多项，其中，发明专利29项，高新技术产品认证7项，企业尺度2项，软件著作权6项。秦磊被评为佛山高新技术产业开发区2015年"智造之星"。2015年11月，在北京慧聪国际资信有限公司举行的年度智造评选中，新鹏公司荣获2015年最佳智能机器人奖。2015年12月，新鹏公司进入广东省高新技术企业培育库，次年被评为广东省机器人骨干（培育）企业。2016年3月，新鹏公司被佛山市经济和信息化局评为"中国制造 2025"第二批试点示范创建企业。2016年6月，新鹏机器人参加科学技术部火炬高技术产业开发中心举办的国家"十二五"科技创新成就展。2018年6月，新鹏公司被广东省经济和信息化委员会评为广东省机器人骨干企业，12月，被评为广东省战略性新兴产业骨干（培育）企业。2018年11月，广东省人力资源和社会保障厅在新鹏公司建立了广东省博士工作站，2018年12月，新鹏公司还被佛山市高新区管理委员会评为佛山高新区制造业单打冠军企业。

第三节 未来使命：实现国产机器人产业化

大千世界许多事物发展总有一定的规律，春夏秋冬四时交替，风霜雪雨总是相伴相生。前行的道路永远不会一帆风顺，一马平川之后遇到的往往就是崎岖难行、布满艰险的雷区。活得精彩的人，其生命就像河流，总有一个不变的梦想——汇入大海，长江与黄河奔流向大海，从而实现了生命奋发的要义。而人生的要义就在于前行，就像长江、黄河一样不停地向前奔流。生命不止，梦想不已，追求不息。把国产机器人做起来实现国产机器人产业化，就是秦磊的奋斗目标和梦想。带着新使命，秦磊迎着朝阳再出发。

李旭是一位资深的工程施工管理人员。年过四旬的他曾经做过建筑工地、大型公司的高管，曾经创下过带领20多人在一年之内完成了一个2亿多元项目的施工管理纪录。他管理工程全部采用对外发包的形式，最高峰时在

同一个工地里400多人同时开工，工地上做饭的大锅一字排开，蔚为壮观。2017年，李旭在采购新鹏的设备时与秦磊结识，从而结下了不解之缘。

2018年，东鹏江门分公司项目上马，秦磊说技术和研发是他的强项，对工程管理则常会感到吃力。新鹏在东鹏江门分公司先后增加200多人，还是感到人手吃紧，工程施工总是乱而无章。秦磊带着试试看的想法，想请李旭当公司顾问，抽空来指点引导工程的施工管理。

李旭到东鹏江门分公司项目施工现场转了一圈后，回来告诉秦磊："这个项目若兼职来做是做不好的，要做好必须要进驻全心全意来做。"他跟他的家人商量后决定加盟新鹏。随后李旭成为公司副总经理，也成了东鹏江门分公司项目施工负责人。

"李旭真的是施工管理可遇不可求的人才。"秦磊说，李旭来了以后，一方面调整工程的管理，一方面进行大幅的减员。他知人善用，把200多人重新进行能力甄别，把能干的留下，把不适合的50人果断裁掉。李旭还有一观点，认为在日常用人上，有一些管理者很看重应聘者的情商，先看看应聘者的反应能力，再看看能不能跟人沟通、能不能很好接受管理等，智商、工作能力和与岗位的匹配度有时却被忽略了，而他在管理上的名言就是把"把最合适的人放在最合适的岗位上"。

上善若水，大巧不工。李旭加盟新鹏既可视为秦磊人格魅力的一次释放，也可视为新鹏综合实力产生吸引力的一个展现。

回首创办机器人公司走过的五年历程，秦磊的国产机器人产业化梦想正一步步成为现实。在陶瓷卫浴行业喷釉、打磨工序的机器人应用中，公司的市场占有率已达70%。2017年，新鹏机器人年销售额达到6500万元。2018年，新鹏机器人年销售额超亿元。创业路上多艰难，五年多的运营中公司碰到的各种困难不少，但新鹏始终迎难而上。随着技术研发以及业务范围的不停深入和拓展，如何确保人才团队能够持续满足公司的发展需求，是每位企业家都会面临的一大难题。2016年，为了解决人才难题，新鹏机器人联合广东佛山多家机器人企业，在广州工业大学数控装备协同创新研究院成立了犀灵工业机器人培训中心，着重培育机器人应用工程师、机器人集成研发工程师、工业机器人项目经理等专业人才，为有志之士提供专业的学习渠道，同时也为企业以及整个机器人行业提供人才来源。

"2017年培育了600多名机器人行业的人才，2018年培育了2500名机器人行业人才。"秦磊介绍说，犀灵工业机器人培训中心成立以来已举办了32场的培训，发挥了应有的作用。2019年，培训中心的场地和范围进一步扩大，可望在2019年培育5000名机器人行业人才。

当时间的脚步来到了2019年1月，江苏汇博机器人技术股份有限公司向秦磊及新鹏伸出了橄榄枝。江苏汇博机器人技术股份有限公司创办于2009年1月，是一家专门从事机器人技术研发与产业化的国家级高新技术企业。公司采取"工业与教育双轮驱动，工业应用、教育装备与人才培养三位一体"的发展模式，将工业应用与教育实训紧密结合，将工业实际案例引入课堂，大大提高了人才培养的时效性和质量。在工业领域，汇博实现搬运、码垛、抛光、打磨、焊接、喷涂、装配等智能工厂应用解决方案，其产品被广泛应用于冶金、陶瓷、汽车制造、机加工、五金建材等领域。在教育领域，汇博先后与国内500余所院校合作，开发出一系列接近工业实际应用并且针对教学需求专门做了优化设计的机器人产品，为我国的机器人专业建设起到了积极推进作用。目前，汇博机器人在机器人教育市场占有率位居全国前三。汇博机器人累计取得专利100余项，成为全国唯一的国家创新人才推进计划"先进机器人技术"重点领域创新团队。

强强联手打造新平台，合作共赢谋求新发展。江苏汇博与佛山新鹏合二为一，佛山新鹏改组为广东汇博机器人技术股份有限公司，成为江苏汇博的子公司，秦磊出任江苏汇博副总经理、广东汇博总经理。

公司合并后，坚持做国产机器人的目标没有改变，发展方向没有改变。"广东汇博的发展离不开佛山这片制造业沃土，也离不开广东开放、包容的环境。未来三年，公司将迎来更加高速的发展。"秦磊称，他做过粗略计算，在陶瓷卫浴行业仅喷釉这个工序就有8000台机器人的应用需求。在目前已经应用的1500台机器人中，广东汇博的产品达到70%，这其中还有巨大的市场等待广东汇博开拓。而除了喷釉，此行业其他生产环节还存在大量的智能化改造空间。

"调整产品结构，拓展研发新产品，是广东汇博新一轮发展战略的重

要内容。"目前与汇博合作的卫浴行业、五金行业、金属行业都是传统制造业，在2000多家目标客户中，只有10%有较强的盈利能力。为了稳健发展，2019年，广东汇博已先后与中国移动与电网公司达成合作意向，研发推出中国移动机房巡检机器人和电网线路巡检机器人。为开发这两项产品，汇博在杭州新建研发团队，第一批产品7月份可交付使用。

"公司未来发展另一个方向，最希望做大工业大数据服务业务。"在秦磊看来，客户当前最担心的是出现故障导致的停工损失。汇博做的工业大数据服务，一是希望通过大数据的采集和分析实现最高效率的生产；工业大数据能做更深层次数据分析，帮客户量身定做一个整体的规划，从而提供最优质的服务。二是希望一个普通员工，也能在这个软件的辅助下，解决80%—90%生产设备故障问题。按照公司发展规划，到2020年，机器人设备和配件销售业务收入占52%，工业大数据服务和人才培养输出收入占48%。

"2019年广东汇博年销售额达预计可以达到两个亿。"秦磊说，公司总体发展目标是让智能工厂在陶瓷卫浴行业全面普及，目前在全国2000多家客户中，与汇博合作的有200多家，秦磊的目标是500家，要实现这样的目标还至少还需要十年的努力。

秦磊对研发推动机器人国产化有一股强烈的执念。与广东台山冠立公司合作的时候，冠立公司就建议他采用进口的机器人，然后由他来做下游的系统集成工作，秦磊直接拒绝了对方的要求，提出："请用我们国产的机器人吧。"

与此同时，秦磊为了实现国产机器人产业化的梦想，也踏上了国际化之路，2018年，其公司生产的机器人走出国门，2019年公司在越南布点，期望把中国生产的机器人卖到国外去。截至目前，包括埃及、印度、越南等国家都与其公司达成了合作意向。

梦想的力量使人强大，奋斗的精神令人振奋，使命的驱动让有志者更有担当。坚持"专注、坚守、执着、奋进、拼搏"的企业精神，秦磊的国产机器人产业化之路将越走越坚实，越走越宽广。工匠精神在于不断创新，企业家的价值在于挺起中国制造的脊梁。在机智大时代，在强国梦的引领下，秦磊的创业传奇和创造的价值，不仅属于佛山、广东，更属于中国。

机器很冷心很热　奋力行走在追梦路上

笔者： 作为资深的机器人专家，您觉得国产机器人目前的发展存在哪些问题和不足，您觉得要如何去应对和克服？

秦磊： 就以东鹏江门分公司新上马的生产线为例，这个分厂年产100万件陶瓷产品，按照传统方式建的话，需要900多名员工，采用我们的智能化设备后，需要的员工是400人左右。若是采用了国外的先进智能化设备的话，工厂只需要100多人。从技术层面来说，我们落后于意大利、德国、美国、日本等国家。这是国产机器人存在的最大不足。不过在应用上我们还有很大的空间，一是我们采用非标准化的生产，能灵活应用；二是国产造价比进口要便宜许多，三是售后使用服务我们有天然的优势。只要我们占有这些市场空间，国产机器人产业化之路就能越走越顺畅。

笔者： 机器是冷的，心是热的！作为有情怀的企业家，请您谈谈国产机器人的发展梦想？

秦磊： 我曾经说过，机器人时代来了，但如渔民打鱼一样，汛期来了；但中国人却连渔网都还没有打好，以此比喻中国国内的工业机器人产业发展还在初级阶段。对于国外高端机器人，我们既视对方为竞争对手，也把他们当作合作伙伴，因为机器人产业需要共同克服一些公用技术。但我们要扬长避短，现在老外不愿意做细分行业，我们就要把这块做好。例如，库卡机器人等老外喜欢做本体，我们公司跟他们的差别是做整线的设备，开发的是集成系统，同时还能做到让普通人使用我们的产品时，不需技术人员配合便可实现换产，这是我们最大的特色。今后还要把这最大的特色发挥到极致，能应每位客户需求做定制化服务。国产机器人产业化的

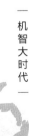

梦想是我奋斗的目标，这是因为我在哈工大读书的时候，我的恩师孙立宁教授在20世纪80年代，就克服重重困难自主研发出点焊和弧焊机械工业机器人，给长春一汽使用，他为国产机器人产业化奋斗了大半辈子，他深深影响了我，是我学习和奋斗的榜样。

笔者：您对广东、佛山和南海等省市区出台的机器人发展的扶持政策是怎样看的？这些政策对您的企业发展起到了哪些作用？期望政府在哪些方面能给予更多的支持？

秦磊：我们其实已享受到很多区市级、省级和国家层面的政策扶持。我个人觉得这算是中国制度的特色和优越性。企业与产业的发展，国家出台相关政策进行扶持，就会极大限度激发企业和企业家的创新热情。而在中国，中小企业、民营企业众多，很多时候中小企业和民营企业都会自主进行创新研发，他们堪称是创新的源泉。广东与下面各地方出台的机器人发展的扶持政策对于推动广东机器人发展起到了如虎添翼的重要作用。当然，在获得扶持的一小部分企业中也不排除有"动机不纯"进来"浑水摸鱼"的，期望能加以甄别。建议政府通过建立第三方的专业委员会，把以前撒胡椒面似的科研扶持基金，集中分配到经过严密论证、甄选的项目里面。通过专业、公正、独立的评判，把资金用到刀刃上，会有更好的科技创新效果。我还建议这种项目扶持资金不要只盯着买了多少设备这一类硬指标上，还应该允许把这个资金花到人身上，因为"人才才是最大的生产力"。

笔者：您最崇拜哪位历史名人？

秦磊：华为公司总裁任正非。任总很了不起，他是不懂技术的，他42岁才开始创业。我今年也是42岁。想想这需要多大的勇气啊。我相信他在整个创业过程包括现在都一直在负重前行，顶着巨大的压力。我更推崇华为的企业文化和人才培养模式，我们公司也在部分吸取消化华为的管理理念，相信还有更多的企业与企业家在研究华为。任正非用了30多年的时间，把一家小企业做成全球知名的集团公司，这样的创业创富传奇将激励我把国产机器人产业做大做强。

笔者：机器人正在改变世界，改变时代。请您给我们描绘10年之后人类进入机智大时代，将会是怎样的工作和生活状态？

秦磊：机器人改变生活、改变世界、改变时代是必然的。10年之后，机器人将会无处不在。在工业机器人领域，现在主要应用在一些危、重、险等特别需要的岗位，而未来，许多平常的普通岗位也将被机器人所代替。比如快递业务，将来一定被移动机器人和无人机替代。在工业领域，人工智能与大数据的应用将是未来发展的下一个风口。在家居生活中，智能厨房也将悄然兴起。现在我们公司已跟合作单位准备建立智能家居研究院。智能厨房将会给家庭和家居生活带来更多的便利和惊喜。比如你家里准备做一道鸡蛋炒番茄，智能厨房和机器人会根据你的身体健康信息，给你提出最健康的做法，连加多少油盐配料都给你换算好，同时再给你提出烹饪的方式。机器人终将会让我们的生活变得更加美好。

第三章
领跑者：华中数控的民族工业梦

惟有民魂是值得宝贵的，惟有他发扬起来，中国才有真进步。

——著名文学家、思想家、中国现代文学的奠基人　鲁迅

第一节　拥有机器人数控行业27家子公司

科技铸梦，产业报国，这是新时代奔跑追梦者发出的最强音：不论是陷入内外交困的绝境而执着坚持，还是为奋力杀出重围寻找光明之路永不放弃，祖国始终在心中，民族的利益高于一切，强国梦正催生出源源不断的创新动力，奋斗拼搏争光是前行者保持的固定姿势，呕心沥血、鞠躬尽瘁是追求的标配仪式，永葆初心、砥砺奋进30年，研制国产数控的"中国大脑"，为机智大时代书写了振奋人心的璀璨华章。激荡时代风云，勇立大时代的潮头，陈吉红领衔的华中数控股份有限公司成为振兴民族工业梦的一面飘扬的旗帜。

2019年1月27日，由中央电视台、中国科学院共同发起，联合科学技术部、教育部、中国工程院、中国科学技术协会、国家自然科学基金委员会、国家国防科技工业局共同举办的"2018年度全国十大科技创新人物评选活动暨颁奖典礼"在北京举行。在这场被誉为科技界年度"奥斯卡"的盛典上，武汉华中数控股份有限公司董事长、华中科技大学教授陈吉红先生荣获2018年度科技创新人物。

现年54岁的陈吉红是湖南省攸县人，现为华中科技大学教授、博士生导师，任国家数控系统工程技术研究中心主任、武汉华中数控股份有限公司董事长、中国机床工具工业协会数控系统分会理事长、全国数控技能人才培养培训工程高职院校协作会理事长、教育部高职高专机械设计制造类教学指导委员会主任、国家职业技能鉴定专家委员会数控专业委员会副主任。

陈吉红的成长就是一部奋斗人生的传奇，他创造了中国学子自学成长的传奇，创造了一位中国科学家生生不息奋发图强的科研传奇，书写了当代中国最励志故事的一个新版本。这位只有中专文凭的有志才俊是靠自学完成从实验员到教授的华丽逆袭的。1978年，13岁初中毕业的他考上了中专。1980年，年仅15岁的陈吉红从家乡来到北京，在国防科技大学找到了一份实验员的工作。在实验员岗位上，他勤勤恳恳地做了七年。每天在完成自己的工作后，陈吉红便抽出时间旁听国防科技大学本科生课程。一开始听课时，他被满黑板的公式与符号搅得晕头转向，眼花缭乱，整个大脑都嗡嗡作响。但是，他没有退缩，迎难而上，边问边学，边学边问。在这七年里，他几乎没有节假日，没有真正休息过一天，每天晚上不是到实验室加班，就是在狭小的宿舍里挑灯苦读。执着的投入赢来了丰厚的回报，他先后获得了国防科工委一项科技进步二等奖和三项科技进步四等奖，并荣立三等军功。相比于后来的硕士和博士生涯，陈吉红认为这段经历弥足珍贵。他说："军校生涯对我的锻炼很多，我以这段经历为荣。"陈吉红随后得到了一个令他欣喜万分的机会——参加国防科技大学研究生考试，他以全校总分第二名、数学分数第一名的优异成绩被录取。硕士毕业的陈吉红被华中科技大学免试录取，攻读博士。只用了三年时间，他便完成了从讲师到教授的跨越，在学术上也崭露头角。

1994年，华中科技大学发起组建武汉华中数控股份有限公司。1996年，一纸任命状将30岁的陈吉红推向了武汉华中数控股份有限公司。从此，陈吉红与国产数控系统结下了不解之缘。

数控机床是制造业的"工业母机"，其技术水平代表着一个国家的综合竞争力，而数控系统是机床的控制"大脑"，是先进制造业的"芯片"。长期以来，国外的核心技术一直对我国进行封锁限制，数控技术和芯片技术一样，"要不来、买不来、讨不来"，必须立足自主创新，自己掌握核心技术。历史上著名的"东芝事件""考克斯报告""伊朗离心机事件"都表明了高档数控系统的重要性。数控系统涉及机、电、磁、控多领域技术交叉融合，以高速高精、多轴联动等为代表的众多技术，实现难度大。中国数控系统产业经历了"屡战屡败、屡败屡战"的艰辛发展历程。21世纪之初，我国市场急需的高档数控系统90%以上仍然依靠进口，这是导致中国制造"基础薄弱，缺心少脑"的关键。数控机床成为"受控"机床，严重影响我国的国防安全、产业安全和工业信息安全。

"对于数控系统这样的战略性高技术，靠花钱引进不能解决根本问题，而盲目效仿国外也只能受制于人。唯一的出路就是走自主创新之路，用中国人自己的核心技术振兴中国的数控产业。"陈吉红饱含深情地说："中国要有自己的数控大脑，这就是我们的使命。"

陈吉红带领团队从实验室开始，把一间校办工厂办成位列行业前列的上市公司，二十年磨一剑，聚焦于数控系统的研究、开发和产业化，让国产数控系统打破国外封锁，走上了自主创新之路。历经几代技术突破，产学研用联合攻关，陈吉红带领团队成功研制出具有自主知识产权的华中8型高性能数控系统，并实现产业化运营。目前，近10万套华中高性能数控系统已在沈飞、成飞、航天八院、核九院、普什宁江等2000多家企业应用，实现了航空航天、能源动力、汽车及其零部件、3C制造、机床等领域高档数控机床和特种装备等行业的批量运用，打破了国外技术对我国的封锁，为我国高档数控装备的自主可控提供了重要技术保障，成为中国民族产业的代表。

业于精攻，学于致用，这才是大道之术、上乘之为。2018年10月23日，习近平总书记宣布港珠澳大桥正式开通。港珠澳大桥珠海公路口岸位于珠澳人工岛北侧，占地面积约107万平方米，是珠三角唯一"三地互通、客货兼重"的公路口岸，也是集交通、管理、服务、救援、观光功能为一体的综合运营中心，旅客可乘公共交通车辆或自驾到达珠海公路口岸。这座筹备6年、建设9年、耗资超过1000亿元、被称为"现代世界七大奇迹之一"的跨海大桥是一个名副其实的超级工程。这座大桥涉及珠海、香港、澳门三地口岸24小时进出关口，车辆、人员的海关检疫防控工作格外重要，武汉华中数控股份有限公司凭借深厚的技术实力，成为港珠澳大桥海关的守卫者。华中数控助力港珠澳大桥系统工程中的关键配套之一——旅检大厅的"红外热像仪"，属于珠澳双方海关部门关键配套之一。在珠海公路口岸与澳门口岸之间，实施全国首创的"合作查验，一次放行"：珠海与澳门双方的海关部门，沿着珠澳分界线的两侧，共同设置合作自助通道、合作人工通道以及传统的人工通道，同时使用三种不同的查验方式。为了提高人员通过效率，华中数控红外人体表面温度快速筛检仪集合了先进的光电子技术、热成像技术、图像处理技术和控制技术，只需被测目标在红外镜头探测范围内快速经过，仪器立即显示人体热图像和最高体表温度，操作人员即可获得准确数据。若遇到可疑发热病人，仪器会立即报警，有效地防止了操作人员与人流的交叉感染。而检测都是在被检对象完全不知情的情况下进行的，有利于口岸正常的工作秩序。

工业机器人进军研发领域，用"中国大脑"武装"中国制造"才是华数的大手笔之作。从2013年起，华中数控就开始向工业机器人领域拓展，拥有超500人的高素质研发技术团队，以武汉为总部，迅速在全国进行工业机器人产业的布局。2016年，华中数控完成从工业机器人的关键部件、机器人本体，到智能产线系统集成的全产业链布局，先后研发出下列工业机器人。

HSR-603桌面型高速高精机器人

华数新一代HSR-603桌面型高速高精机器人是华中数控历时多年研发的新型机器人。其最大特点是能在空间狭窄的地方满足速度、精度要求高的作业应用要求。目前，这款机器人已大规模应用于车床、CNC上下料、

3D视觉应用、笔记本热压、笔记本外壳件冲压、汽车后视镜等众多领域的多种工位上。

全世界独有的HSR-BR6系列双旋机器人

华数研发的HSR-BR6系列双旋机器人打破传统运行方式，新增内旋转功能，实现机器人内外双旋功能，成为目前领先世界水平的独有创新设计。其内旋模式使其运动惯量大幅度降低，综合使用可比同等传统结构机器人速度提升30%以上。结构上的独特设计可令HSR-BR6轻松实现钻工中心等狭小空间的工位间连线或搬运，仅占小于0.06平方米底座面积，节省空间；而且机体轻量化设计使得自重很小，可将更多的能量用于负载；能任意方向安装机器人，无楼板承重不足的担忧；多型号不同负载和臂长可满足各类应用场景；HSR-BR6系列双旋机器人设计可满足机身周围360度全覆盖，即使是CNC上下料，也能在四周布置工位，明显优于通用六关节机器人。同时，面对恶劣的生产环境，HSR-BR6系列双旋机器人新增了全密封设计，测试手臂可达到IP67，满足任意方向喷水或浸水，轻松应对机床切削液等应用。

多元感知的智能人机共融机器人

华数研发的全新一代更具"智能化"的机器人，是具备多元感知的智能人机共融机器人。这款新产品通过对力觉、声音、视觉等多元信息感知，融合动力学刚柔控制、智能语音交互、主动环境感知等前沿技术，实现真正的人与机器、环境之间的共融交互。智能语言交互功能可使人与这款机器人进行直接对话，让机器人的控制变得简单和自然。对人体区间监测采用了协作模式和警戒模式，确保运行安全性。而力觉感知功能则采用高精度动力学模型的新型闭环力矩控制方法，增强人类示教过程的便利性。该机器人不仅仅在CNC及车床等上下料、笔记本等高精密装配、打螺丝、视觉引导、电镀、阳极、快速涂胶、注塑等通用领域大显身手，还可用于手机打磨、厨具打磨、五金件打磨、笔记本外壳高精度打磨、汽车轮毂打磨等领域。为了更好地将这些经验应用到实际生产中，华数结合自己的离线编程软件推出了数字双胞胎3C打磨工作站——一套通过长期对打磨机器人在工作受力过程中产生的数据采集分析与运用而开发的程序，通过InteRobot软件实时监控机器人的状态，实现双向通信：一是具备物理空间驱动虚拟空间的能力，即手持示教器对实际机器人的调试时，软件中的虚拟机器人也能保持同步运动；二是具备虚拟空间驱动物理空间的能力，在软件中调试机器人的位姿时，实际机器人也能保持同步；三是具备虚拟空间远程监控、分析和维护机器人运行状态的能力。

　　"作为华中数控股份有限公司旗下品牌，华数机器人从2013年成立之初就以打造民族机器人品牌为己任，从产品研发到生产制造、落地应用，华数机器人以华中数控20年数控经验为基础，通过自主研发、自主创新，攻克了机器人核心关键技术数百项，获得自主知识产权超300项，填补了多项国内技术空白，建立起了国产机器人企业核心竞争优势，成为国内为数不多的自主化率达到80%以上的机器人企业之一，初步确立了公司机器人版块业务在全国范围内的领先地位。"华数机器人的常务副总经理杨林说，在工业物联网方面，华数机器人也不甘落后，一是在机器人本体上已提前预留互联网的接口；二是华数与北京航天云网合作开展面向智能决策云服务平台的合作，基于大数据分析模型的深度学习，华数机器人已经实现部分人工智能技术，能够帮助企业像管理员工一样管理机器人，比如评估机器人健康状态，提供关键部件智能保养与失效预警功能，同时基于多样本对比模型，进行机器人运行时能效优化；三是未来将开放智能平台部分接口，供第三方从互联网远程下单，无论在北京或是新疆，通过机器人互联网的模式，可以云端下单，由机器人进行定制服务。目前，大数据、云计算、语音图像识别等技术也逐渐应用于机器人中，众多企业纷纷加码机器人领域，从长远来看，这与华数的目标一致——华数的长远目标是要振兴国产机器人，让国产的机器人在市场的占有率越来越高。

　　华数机器人是国内为数不多的，能够同时自主研发及生产销售机器人控制系统、伺服驱动、伺服电机和机器人本体四大核心零部件及机器人整机产品的企业之一。

表 3-1 华中数控拥有机器人电机数控电气行业27家子公司一览表

关联方名称	关联关系	占股比例／%	主营业务
武汉华中科技大学产业集团有限公司	公司控股股东	19.05	—
武汉高科技机械设备制造有限公司	子公司	100.00	—
泉州华数机器人有限公司	子公司	100.00	—
重庆华中数控技术有限公司	子公司	100.00	—
武汉华大新型电机科技股份有限公司	子公司	100.00	开发、生产和销售自动控制所需的各类新型电机和控制装置，开发与其关的产品及技术服务
江苏锦明工业机器人自动化有限公司	子公司	100.00	工业机器人及自动化成套设备、玻璃专用机械的研究、开发、产生、销售及技术服务；金属结构件的制造、加工、销售
武汉华中数控鄂州有限公司	子公司	100.00	—
深圳华数机器人有限公司	子公司	100.00	数字控制系统、机电一体化系统、激光通信的技术开发、技术服务及产品销售、货物及技术出口
云南华溪数控装备有限公司	子公司	95.00	—

关联方名称	关联关系	占股比例 / %	主营业务
宁波华中数控有限公司	子公司	90.00	数字控制系统、数控设备的销售；红外产品的销售；数控技术的服务；数控系统研发及软件开发
武汉智能控制工业技术研究院有限公司	子公司	57.14	机电一体化产品、自动化生产设备、自动控制设备、驱动装置、计算机软件、机电设备及系统集成、电子产品、电动汽车零部件的研发、生产、销售及售后服务等；电动汽车整车的销售
上海登奇机电技术有限公司	子公司	57.00	机械、电机、电子、电器专业领域四技服务；机电产品及配件的销售
重庆华数机器人有限公司	子公司	51.00	计算机、数字控制系统、机电一体化系统技术开发、技术服务及产品销售；工业机器人的研发、集成、销售；成套自动化生产装备研发、集成、销售；货物及技术进出口
佛山华数机器人有限公司	子公司	51.00	机器人产品、机电一体化产品、自动化生产设备、自动控制设备、驱动装置、计算机软件、机电设备及系统集成的研发、生产、销售及售后服务等
沈阳华飞智能科技有限公司	子公司	51.00	—

续表

关联方名称	关联关系	占股比例 / %	主营业务
北京华大深蓝航空科技有限公司	子公司	51.00	—
宁波华数机器人有限公司	孙公司	100.00	—
武汉华大同步电机科技有限公司	孙公司	100.00	—
重庆新登奇机电技术有限公司	孙公司	100.00	—
佛山登奇机电技术有限公	孙公司	100.00	—
西安华蓝航空科技有限公司	孙公司	100.00	—
武汉登奇机电技术有限公司	孙公司	99.00	—
东莞华数机器人有限公司	孙公司	90.00	—
苏州华数机器人有限公司	孙公司	70.00	—
武汉华数新能源汽车技术有限公司	孙公司	70.00	—
常州华数锦明智能装技术研究院有限公司	孙公司	51.00	—
湖北江山华科数字设备科技有限公司	联营企业	44.00	—

关联方名称	关联关系	占股比例 / %	主营业务
武汉新威奇科技有限公司	联营企业	39.66	—
北京恒天工程院智电汽车研究院有限公司	联营企业	6.00	—
大连机床集团（东莞）科技孵化有限公司	联营企业	4.00	—

第二节　落子深莞，建立3C智能智造示范工厂

《孙子兵法·军争篇》云："凡用兵之法，将受命于君，合军聚众，交和而舍，莫难于军争。军争之难者，以迂为直，以患为利。"已掌控核心技术，成为民族工业化自强之路一面旗帜的华中数控，尽得《孙子兵法》之精妙，目光如炬，胸藏万象，先谋子再谋势，在大江南北全面落子布局，从而勾画出华中数控智能化发展之新景象。果敢亮剑来自磨砺，惊鸿一瞥则源于修持。华中数控自主研发的华数机器人由此在南国舞台上尽情展示其机智与奥秘。

2014年11月16日，深圳中国国际高新技术成果交易会（以下简称"高交会"）开幕式上，3台1米多高的华数机器人翩翩起舞，在1分钟之内灵巧地拼出了由12个方块组成的高交会LOGO……全场为之轰动。外国专家和客商大为震惊，不相信这是中国自己制造的机器人。台下，时任深圳华数机器人有限公司（华中数控全资子公司）常务副总经理田茂胜，额头和手心全是汗——国产机器人的声誉，在此一举。完成规定动作涉及机器人的3个关键指标：速度、重复定位精度和协同性。

曾参与这3台机器人装配及调试的工程师黄学彬感叹，让3个机器人做一样的动作很简单，但要为它们设计互不干扰的行动轨迹，并保证落点精确，就非常难。稍有闪失，机器人轻则偏离轨道，重则"打架"。"因为掌握了机器人研发中关键的数控、伺服、电机等核心技术，深圳高交会组委会才会邀请华数机器人在开幕式上进行表演。"

这是机会，也是一次高难度的挑战。华中数控当时面临的第一个难题是，深圳华数没有组装好的机器人，只得从生产整机的重庆华数调运。很快3个崭新的6关节机器人运抵深圳。同时，伺服电机也从武汉运抵深圳。关键的数控系统，则是"中国大脑"华中8型。

最难的是，如何才能让3个6关节机器人在1分钟之内完成复杂的协同动作。

"台上一分钟，台下十年功。"没有别的办法，只有反复苦练。华中数控的7名工程师在展馆旁住了下来，每天先用软件模拟机器人的动作，然后不断地在现场进行调试，优化表演方案。临近开幕式那几天，田茂胜每天晚上都要到舞台上把废寝忘食的工程师们赶回房间睡觉，虽然几个小时后，他们一醒来就又会马上跑回展台现场。苦心人，天不负！最终，当3个机器人在国内外专家及客商的注视中，稳稳地放下最后的方块时，计时器定格在"52秒"。

华数机器人在深圳高交会上一战成名。当天，就有一位参会客商迫不及待地以18万元的价格买走其中1台参加表演的机器人。而在高交会展区里，华中数控的展台被挤得水泄不通，田茂胜的手机也被打得发烫，寻求合作的订单源源不断地飞来。

深圳是华数布局全国战略的重点区域之一。从2013年起，华中数控就开始向工业机器人领域拓展，此后以武汉为总部，迅速在全国进行工业机器人产业的布局，重庆、泉州、深圳、东莞、佛山、苏州等地均在其中。

深圳华数机器人有限公司于2006年7月在深圳市市场监督管理局南山局登记成立，法定代表人熊清平。深圳华数机器人有限公司致力于工业机器人以及中高档数控系统的研发与推广应用，是"国家高新技术企业"。公司依托华中科技大学国家数控系统工程技术研究中心和母公司武汉华中数控股份有限公司，在工业机器人、数控系统、伺服驱动、伺服电机等方面拥有成套自主知识产权的核心技术，并形成自主配套能力，建立了一个集设计、研发、技术服务、人才培养于一体的工业机器人技术和行业应用数控技术的自主创新平台。公司依靠高度的综合技术实力，以提供高性能、高品质、高安全度的产品及服务为使命，满足客户的需求。

深圳华数机器人有限公司作为武汉华中数控股份有限公司的全资子公司，凭借着华中科技大学的研发实力，多年前就开展了机器人控制技术的研究，作为国内少数在机器人核心关键部件（控制系统、伺服驱动、电机等）具有完全自主知识产权的机器人生产企业，它具有强大的生产和研发技术优势，产品已经应用于搬运、焊接、上下料、喷涂等领域。

"制约机器人普及的因素不仅仅是价格和技术，很多国内的生产车间太狭窄、太拥挤，并不适合生产线的布局安装。如果要完全实现自动化，企业除了支付购置机器人的高昂资金，还需要对厂房进行改造甚至重建，这在无形中提高了'机器换人'的门槛。"深圳华数机器人有限公司负责人熊清平表示，针对这一情况，华数机器人研发了HSR-BR6双旋机器人。作为全新一代华数HSR-BR系列机器人，BR6系列机器人打破传统运动方式，采用目前全世界独有的创新设计，在通用六轴机器人的基础上，新增内旋转功能，轻松完成如钻工中心等间距很小、但又要求机器人臂长以实现狭小空间工位间连线或搬运等的作业任务。这款机器人采用创新结构，本体重量很轻，机器人从内部运动惯量小，采用高速电机结合内旋转功能实现快速冲压、CNC上下料等应用工位搬运，1800毫米间距标准搬运时间可控制在3秒以内，臂长大，还可进行定制。批量生产的则有4个型号，重复定位精度±0.05毫米以内，负载涵盖9公斤、6公斤、4公斤、2公斤，臂长对应1042毫米、1222毫米、1402毫米、1762毫米。全新一代的华数机器人HSR-BR6系列尤其适用于装配、高速搬运、快速冲压、密集排布钻工中心等上下料、配置3D视觉分拣等。这款机器人荣获"2017中国好设计银奖"。

目前深圳华数机器人有限公司的机器人产品已经应用在喷涂、焊接、冲压、机床上下料、搬运、码垛、打磨、抛光等诸多行业。该公司已与多家世界500强企业建立合作关系，先后为格力电器集团武汉、石家庄、芜湖、中山、珠海、合肥等各大基地的注塑分厂成功地配套桁5轴全伺服架机械手控制系统，获得了格力电器集团的A级供应商资质；为海尔集团重庆、黄岛等基地成功配套了4轴和6轴冲压机器人，成为海尔集团的核心供应商；其他重点客户包括震雄集团、东莞劲胜精密、广州机床厂、珠江机床厂、广州鑫泰数控、广州瑞邦数控机床、广州宏通机器、深圳捷甬达数控、深圳华亚数控、中山迪威、中山捷程数控、南海南华、佛山新法机电设备等企业。

2016年11月，第十八届DMP国际模具及金属加工展览会在广东现代国际展览中心（东莞市）隆重举行。华中数控旗下子公司深圳华数机器人有限公司与广东隆凯股份有限公司强强联手，发挥技术优势，立足行业需要，特别展出了模具制造智能工厂，用中国装备助力"中国制造2025"，用实际行动竭力配合"世界工厂"产业转型升级，受到了行业和客户的高度关注。

深圳华数机器人和广东隆凯在此次展会倾力打造的模具智能工厂令人大开眼界。这个智能工厂由1台钻攻中心、1台火花机配3台华数机器人，同时配1台三坐标测量仪、1台AGV小车组成，全面呈现模具智能工厂全要素解决方案，示范未来工厂整体模式，涵盖从自动化、智能化加工单元到自动化生产线，从物流到信息流，从先进制造装备到智能软件等多元的自动化集成解决方案，促进整个模具行业水平的快速提升。

深圳华数机器人公司还与多所高校合作，推进实训中心创建。深圳华数机器人携手广西科技大学共同进行智能制造及机器人专业人才培训探索，共同建设"广西科技大学智能制造实训中心"，打造广西区域智能制造示范性院校，辐射周边，推动广西地区智能制造业的发展；与广东轻工职业技术学院签订校企合作协议，并和学校合作开展智能改造升级项目及工业机器人应用实训室建设；与深圳技师学院通过共同改造学校原有设备，将基地打造成智能制造实训基地，助力该校学生在中国技能大赛——全国智能制造应用技术技能大赛上取得国赛一等奖的好成绩。而由深圳华数机器人有限公司、东莞机电工程学校、广东隆凯股份有限公司三方共同打造的全国首个模具智能制造生产线，采用最新型的设备及软件，同时结合最新的设计理念，打造了"中国最美车间"。

东莞华数机器人有限公司也于2013年成立，公司位于东莞松山湖高新技术产业开发区工业南路6号松湖华科产业孵化园内。结合在机器人自动化生产线成功的项目建设和整合经验，东莞华数机器人批量应用于东莞劲胜的智能工厂，主要应用于智能工厂内搬运、抛光、打磨等生产环节，并在东莞劲胜智能车间建成国内首个3C智能制造示范工厂。

20世纪70年代以来，随着电子智能行业在软硬件方面的不断快速发展，专门服务于电子生产及装备线的工业机器人技术也在快速扩展。在机器人的尺寸不断缩减、价格持续下降、精度逐渐提升，同时对电池、芯片和显示屏的需求不断上升的大趋势下，电子行业的工业机器人服务数量几乎与汽车行业齐头并进。而作为工业机器人大家庭中一员的并联机器人，在生产制造中已经扮演着越来越举足轻重的角色。数据显示，全球70%的电子产品在中国制造，其中90%的生产制程属于原始的手工作业方式，智能与"互联网+"的概念普及为3C行业（电脑、通讯、消费性电子三大科技产品整合应用的资讯家电产业）带来了新发展拐点的同时，国际的竞争压力、人工成本的不断上升、从业人员持续减少又带来的新的挑战。将来，3C行业的发展将以创新和不断优化为主，尤其是各大厂商在硬件领域的争夺将更加激烈，这将直接拉动硬件设备的采购需求，预计至2020年国内3C自动化设备市场规模将接近2500亿元，上游设备企业将迎来新的发展机遇。其中并联工业机器人国产化带来的成本持续走低以及性能方面突破国际水平的现状，也为这个朝气蓬勃的行业加大了实施的可行性及更多的可能性。在这样的背景下，创建3C智能制造示范工厂更具有现实意义。

东莞华数全力推进的劲胜精密东城厂区智能制造项目——移动终端金属加工智能制造新模式，由东莞劲胜精密牵头承担，华中科技大学常务副校长、广东华中科技大学工业技术研究院院长邵新宇担任项目总负责人，广东省智能机器人研究院院长张国军担任总指挥，总投资6亿元，成为2015年全国智能制造示范项目（全国共有46个，广东只有东莞劲胜和深圳创维两个项目入选）。

"这项智能项目能实现生产效率提高20%以上，运营成本降低20%，产品研制周期缩短30%，产品不良品率降低30%，能源利用率提高15%。"东莞华数机器人有限公司负责人归纳道。他们目前已建成拥有10条自动化钻攻生产线的智能车间。智能车间包括180台国产高速高精钻攻中心、81台国产华数机器人、30台RGV、10台AGV小车、1套全自动配料检测系统，同时搭载了全国产化的工业软件系统，包括云数控系统平台、CAPP、APS高级排程系统、MES生产管理系统、三维虚拟仿真系统等。该项目还建立了智能工厂设备大数据平台，通过对设备实时大数据的采集、分析，实现了机床健康保障、G代码智能优化、断刀监测等智能化功能。另外还建设有1条普及型自动化钻攻推广线，1条机器人自动抛光打磨生产线，1条用于智能制造人才培训的智能生产线等。通过以上硬件和软件的开发建设，该智能生产线实现了高速高精国产钻攻数控设备、数控系统与机器人的协同工作，在业内率先实现装夹环节采用机器人代替人工操作，节省了人力；建立基于物联网技术的制造现场"智能感知"系统，改造升级现有智能化系统，建成全制造过程可视化集成控制中心，实现对加工中心、机器人、物流装备等的全面支持。

张国军说，"该项目具有'三国''六化''一核心'的特点"。"三国"是指智能工厂全部使用国产智能装备、国产数控系统、国产工业软件，各参与单位充分发挥各自的特长，实行协同创新机制，国产化核心技术优势，使各个硬件、软件系统之间相互深度开放并互相融合，为智能工厂的信息集成、数据集成以及各种智能化功能的实现奠定了基础，同时也保障了工业数据的安全可控。"六化"是指装备自动化、工艺数字化、生产柔性化、过程可视化、信息集成化和决策自主化。"一核心"是指配套国产数控系统的国产高速钻攻中心机床，可与进口同类产品同台竞技，打破国外垄断。该项目亮点还在于实现了对数控机床24小时监控和实时数据采集，建立数控机床的"数字双胞胎"，开创了大数据在数控加工领域应用的新途径，为机床智能化应用集成提供必要基础。

第三节　佛山华数研发批量生产系列新机器人

2018年10月，网民发起十大中国民族品牌排行榜评选，入选的企业分别为中国高铁、比亚迪汽车、华为手机、海尔家电、老干妈调味品、联想电脑、格力电器、茅台酒、同仁堂药业。民族品牌是民族工业的文化内涵、企业精神、品牌价值与附加值的综合体现。民族品牌由此成为衡量一个国家经济实力和国家地位的重要指标之一。落子全国，谋势全球，在粤港澳大湾区重要节点城市和中国重要制造业基地佛山创建机器人公司的华数人已放飞了打造最强中国机器人品牌的梦想。

2019年1月25日，由广东佛山智能装备技术研究院和佛山华数机器人联合举办的以"赢战·2019"为主题的2018表彰颁奖晚会暨新春音乐年会盛典在佛山枫丹白鹭酒店隆重举行，佛山智能装备技术研究院院长、华数机器人董事长王群，华数机器人总经理杨海滨等院、公司高层领导，与政府各级领导、集成商、供应商、客户伙伴们及院司家人们欢聚一堂，展望2019年发展新篇。2018年，华数机器人交出了一份闪亮的"成绩单"，积极响应"中国制造2025"战略号召，推出了新一代HSC3控制系统、新品码垛机器人、新品协作机器人及多项细分领域自动化智能解决方案。

八千里路云和月，三载春秋梦飞扬。把时针拨回3年前的2015年5月22日晚上，华中数控向社会发布一份公告：公司拟与广东佛山市南海区联华资产经营管理有限公司合资组建机器人核心关键零部件及产品的研发制造公司，合资公司名称暂定为"佛山华数机器人有限公司"，注册资本9000万元，其中公司出资4590万元，占注册资本的51%。合资公司成立初期将主要利用华中数控现有的研发成果进行生产装配，计划在佛山主要生产六轴机器人系列（应用于装配、包装、密封、分装、铸造等）以及四轴机器人系列（应用于冲压、锻压、搬运等）产品。合资公司力争入驻投产一年后实现销售收入8400万元，投产后第3年销售收入达到3亿元。

佛山华数应运而生，可以说是占尽了天时、地利、人和。智能制造是佛山制造业的未来。佛山将加快建设中国（广东）机器人集成创新中心，实施"百企智能制造提升工程""机器人领跑"专项行动和"百千万工程"，积极推进机器人及智能装备应用。

2017年3月，在十二届全国人大五次会议广东代表团全体会议上，全国人大代表、佛山市委书记鲁毅"以创新引领实体经济提质增效升级"为主题发言，提出佛山将做好"产业提升、产品提质、环境优化"三篇文章，为广东产业转型升级、国家制造强国战略多做贡献。"突出智能制造这个核心，以开放胸怀参与全球竞争、链接全球资源。"鲁毅在发言中点明了佛山产业提升的关键路径。他认为，佛山将以智能制造为主攻方向，走"世界科技+佛山制造+全球市场"的发展道路。当年5月，中国工程院与佛山市委、市政府，就推进机器人及智能装备应用"百千万工程"达成共识，提出到2017年底前，双方合力推动在佛山完成百条生产示范线建设，实现2000台佛山华数机器人公司生产的工业机器人在佛山推广应用，推动佛山华数机器人公司完成10000台工业机器人的生产。

佛山华数机器人有限公司建在佛山高新区所在地狮山镇。作为智能装备的重要平台，位于佛山高新区的广工大数控装备协同创新研究院已顺利建设成为国家级孵化器及国家级众创空间，累计孵化60多个高端创业团队，其中聚集的机器人行业相关企业就有21家。王群领衔的佛山智能装备技术研究院成立仅1年时间，就完成了一系列机器人核心技术研发，其建设的孵化器已签约10余家机器人科技型企业，同时还组建了佛山市机器人创新产业园、佛山机器人创新联盟和三水智能制造产业技术创新联盟等。

佛山华数机器人在佛山高新区的发展可以说是如鱼得水、如虎添翼。不久之后该公司将此前在重庆的机器人事业部搬到佛山，集中业务发展。作为国内第一批研发高端数控系统的企业，华中数控在控制器、伺服驱动和电机等方面具有优势，并掌握数控系统、伺服电机等核心技术，开发了多个工业机器人型号，在家电行业、冲压、注塑、喷涂、机加、焊接、抛光、搬运等行业实现了批量配套。

"控制器是机器人的大脑，驱动器就是机器人的肌肉，华数机器人已在控制器、驱动器等方面实现了自主研发，这在国内的机器人公司中屈指可数。"佛山市智能装备技术研究院院长、华数机器人董事长王群说道，落子佛山后他们自主研发了多个工业机器人，在家电行业、冲压、注塑、喷涂、机加、焊接、抛光、搬运等行业实现了批量配套。

2017年8月27日，2017中国（广州）国际数控机床展在广州开幕，佛山华数机器人有限公司首次发布BR6-双旋机器人。这款体积轻巧的六轴机器人，采用行业首创的双旋运作模式，能够在狭小的空间内灵活自如运用，尤其适用于如狭小空间钻工中心上下料、密集排布的冲压上下料以及空间受限的装配作业等环境。"钟摆式"的运动模式可将1800毫米间距标准搬运时间提升到3秒内。作为佛山本土研发制造的机器人，这款产品成为国产机器人与进口机器人一较高下的代表作。

2018年10月24日，第四届中国（广东）国际"互联网+"博览会在佛山开幕。在本次展会上，华数机器人联合佛山智能装备技术研究院再度聚焦"互联网+制造"，举办了"智能制造新模式论坛暨华数机器人新一代控制系统发布会"。论坛聚焦机器人产业在智能制造新模式下的工业互联网、人工智能、大数据等新技术下的协同创新，专家、学者、企业代表从智能制造的发展趋势、新模式应用等不同角度进行深入探讨。

当天，由华数机器人联手佛山智能装备技术研究院研发的新一代机器人控制系统，以及新一代工业机器人伺服驱动装置产品同步发布。新一代的机器人控制系统基于工业嵌入式硬件平台，融合了运动学、动力学、人机协作技术，搭载工艺知识库、工艺软件、工具软件，具有高速、高精、智能等特点。

"我们坚持在算法上的突破，在这个基础上，我们开发了柔性拖动示教的过程，实现了不使用任何传感器，就拿一个普通的工业机器人过来，不增加任何成本，不改变它的结构，就可以使它具有柔性拖动的功能。"佛山智能装备技术研究院常务副院长、华数机器人研发总监周星介绍。

多元感知技术是新一代机器人控制系统的另一大亮点，基于该技术，系统可以在发生碰撞时在毫秒内紧急停机，保证工人的安全；另外，该系统的视觉感知也异于传统工业，"我们的视觉感知更加强调的是对于人、对于物的认知能力的。人一旦进入危险区域的时候，机器人会自动进入慢速或者停止状态。"周星说。

博览会上同时发布的还有新一代工业机器人伺服驱动装置产品——HSS-LDE系列伺服驱动器。作为新一代高性能小功率交流伺服驱动器，其驱动系统采用组合式直流共母线驱动设计，单个电源模块可以根据实际要求配多个伺服驱动模块，结构紧凑、安装方便。

作为集产品研发、制造、应用于一身的国产机器人领军品牌，佛山华数机器人已掌握机器人四大核心关键零部件，拥有六大系列30多种机器人整机产品，已在家电、3C、五金、汽摩、装配、机加工等领域开展大批量应用，具备在部分细分领域市场与四大家族机器人抗衡的能力。目前佛山华数机器人的产品除了华数协作机器人外，主要为华数HSC3机器人控制系统和码垛机器人。

具有六大创新特点的华数HSC3机器人控制系统

HSC3机器人控制系统是华数机器人新一代高速、高精、智能的开放式控制系统，基于工业嵌入式硬件平台，融合先进的运动学、动力学、人机协作技术，配备丰富的工艺知识软件和调试软件，适配各类工业机器人、协作机器人，广泛应用于搬运、码垛、装配、焊接、喷涂、切割、抛光打磨等领域。

产品具备以下六大创新特点：1.高速高精独特的全局运动规划与精确动力学建模，最大限度发挥机器人的机电特性，力矩前馈控制保证高速重载的精确TCP控制；2.安全融合工业与协作，具备碰撞检测、视觉监控、拖动示教功能，兼顾效率与安全；3.易用丰富的工业软件库，涵盖码垛、焊接、涂胶、视觉等常规工艺包，简明的机器人编程语言HSRP及梯形图，可轻松实现应用；4.开放多层次软硬件开放平台，支持多传感器接入，支持梯形图变成、C++二次开发，无缝连接ROS、V-REP系统；5.智能支持力矩、视觉、自然语言等多维感知的交互系统，和基于数据驱动的机械本体健康自评估；6.控制器结构紧凑（163mm×105mm×40mm），便于安装，基于嵌入式工业芯片，接口丰富，可靠性高。

具有五大特征的华数码垛机器人

码垛是机器人应用的重要领域，服务于化工、建材、饮料、食品等行业生产线物料、货物的堆放等。码垛机器人，主要用于生产线末端进行高速码垛作业。

华数研发的HSR-BR5110码垛机器人是一款为应用场地狭小、节拍要求高和性价比要求很高的客户需求所开发，尤其适用于对腕关节自由度有需求的高效搬运码垛作业。特征是：1.独特的双旋构型，相较于通用机器人的外旋转运动方式，BR5110沿用华数BR系列机器人所独有双旋构型（外旋、内旋），内旋转运动方式可以让BR5110在场地空间有限的多个设备工位间实现大幅度连线或搬运，占地面积非常小，运动不占用外部空间；2.灵活性，相比传统四轴码垛机器人只能应对单一姿态下的目标进行搬运作业，BR5110所增加的腕关节可实现在多种姿态下的抓取与放置动作；3.高效，BR5110通过独特的双旋设计，与高速电机的配置，比传统机器人速度更快；4.简便、易懂的编程操作，BR5110标配码垛工艺包，编程简便，可以快捷设置码垛跺型。

2019年5月22日至24日，2019中国（华南）国际机器人与自动化展览会在东莞举行，佛山华数在会上发布了三款全新产品HSR-BR616喷涂演示、HSR-Co602A协作机器人、华数一体化控制系统，与集成商合作的小家电智能装配线也首次亮相。每年，华数机器人都会发布约8种新品，佛山和重庆的产业机构各占半壁江山。作为华数机器人在全国的两个研发"大脑"之一，佛山华数2017年研发出BR6系列双旋机器人，在国内首创性地提出双旋模式和结构，荣获2017中国好设计银奖，以BR6为主体一举荣获广东省工业机器人突出贡献奖。

细分行业的定制化是佛山华数主攻方向。佛山华数机器人有限公司常务副总经理杨林说，产业繁荣、类目众多，任何公司都不可能将所有产业的痛点需求全部掌握，但佛山华数顺势而为——跟合作伙伴、经销商一起

做，利用他们深耕行业数十载对工业的深刻理解，用佛山华数的软件实现工艺升级的理想，帮助合作方获取核心竞争力。佛山华数的创新大都面向广大高端装备制造业，直击细分行业痛点去定制解决方案，这代表了佛山高新区的新一类创新生态。

与此同时，佛山华数在佛山市华数智造公共实训中心建成了佛山首个机器人拆装平台。打造该实训中心，是佛山华数全面落实"PCLC"发展战略的一个缩影。该战略即以多关节工业机器人产品（P）为主攻方向，以国产机器人核心零部件（C）研发和产业化为突破口，以工业机器人自动化线（L）应用为目标，以智能云平台（C）为产业出奇制胜的武器，致力于多方打破国外封锁，打造最强中国机器人品牌。

第四章
上市：莞城机器人企业的起跑线

可持续竞争的唯一优势来自于超过竞争对手的创新潜质。

——世界著名管理专家　詹姆斯·莫尔斯

对于创新来说，方法就是新的世界，最重要的不是知识，而是思路。

——著名创新专家　郎加明

第一节　"机器换人"计划与国内重要策源地

"客路青山外，行舟绿水前。潮平两岸阔，风正一帆悬。"洁白的鸽子在自由飞翔，天空一片青蓝，笔直的马路两旁高大的紫荆花尽情绽放，在姹紫嫣红中释放着生命的张力和魅力。南国的冬天感觉不到寒意。南粤大地的生命之

河——珠江正滔滔奔流向南，奋发的源头和生命的活水映照出天地万物的雄姿与倩影。追梦时光，生命的源头与到达彼岸的原动力正在源源滋生。大时代的脉动、家园家国情怀正在召唤着你我他，创业的浪潮、奔跑追梦的豪情总是让人激情似火热血沸腾，一如机智大时代在莞城掀起的热浪。

2019年3月23日，由广东省东莞市机器人产业协会主办的"新时代、新篇章——智能制造产业前瞻大会暨2018年度东莞市机器人产业优秀品牌颁奖典礼"于光大We谷产业园隆重召开，邀请华为、埃夫特、深圳量子机器人科技等来自珠江三角洲以及全国各地行业精英350人参会，共同探讨智能制造产业发展现状和未来新方向。这场年度智造行业盛会向业界展示莞城发展机器人产业强大的实力，表明产业强市的雄心壮志。

东莞位于广东省南部珠江口东岸，东江下游的珠江三角洲，人口约800万人，是珠三角核心区，也是岭南文化的重要发源地、中国近代史的开篇地和中国改革开放的先行地，是广东重要的交通枢纽和外贸口岸，有着"世界重要制造业中心"的美誉。改革开放40周年以来，以制造业闻名广东乃至全国的东莞市赢得了"广东四小虎"的称誉。

作为中国制造业大市的东莞市，受技术快速发展、劳动力成本提升、生态环境的约束性增强，以及生产效率、产品性能提升的内在需求增加等因素影响，产业转型升级的压力不断加大，迫切需要充分发展以工业机器人为代表智能制造技术以提升自身工业发展水平，完成从制造业大市向制造业强市的转变。"十一五"末以来，东莞市就大力实施创新驱动发展战略，着力发展高端装备产业，机器人智能装备产业具有坚实的产业基础和巨大的市场潜力。

莞城春早，大梦先觉。纵观广东，东莞机器人产业起步非常早，行动迅速。早在2012年许多地方还在谈论机器人的性能用途的时候，东莞机器人应用就已成型，并迅速在纺织、家具、汽配、电子产业中发挥重要而独特的作用。2014年年初，东莞市颁布一号文件——《东莞市推进企业"机器换人"行动计划（2014—2016年）》。根据该计划，到2016年，东莞市要争取完成相关传统产业和优势产业"机器换人"应用项目1000—1500

个，力争推动全市一半以上规模以上工业企业实施技术改造项目，实现由"东莞制造"向"东莞智造"的升级。按照产业规划，2016年东莞机器人和智能装备产业的产值预计达到350亿元，2020年产值达到700亿元，2025年产值超过1200亿元。

表4-1　东莞市机器人产业政策整理表

政策名称	发布时间	主要内容
《推进企业"机器换人"行动计划2014—2016年）》	2014年8月	到2016年将争取完成相关传统产业和优势产业"机器换人"应用项目，推动东莞全市一半以上的规模以上工业企业实施技术改造项目；设立"机器换人"专项资金，推动实施应用项目；对企业按照投入的一定比例给予事后奖励或贴息支持
《关于加快推动工业机器人智能装备产业发展的实施意见》	2014年8月	到2020年东莞要成为全省乃至全国具有竞争力和影响力的工业机器人产业基地和智能制造示范城市；在人才土地财政等方面给予扶持政策，建立工业机器人智能装备及"机器换人"项目绿色申报通道，保障项目用地；建立多层次多类型的工业机器人智能装备产业人才培养体系
《东莞市"机器换人"专项资金管理办法》	2014年8月	规定2014—2016年连续三年，市政府每年安排2亿元用于推动企业实施"机器换人"；应用项目包括电子、机械、食品、纺织、服装、家具、鞋业、化工、物流等重复劳动特征明显、劳动强度大、有一定危险性的行业领域的企业；专项资金对"机器换人"应用项目的资助方式分为事后奖励、拨贷联动、设备租赁补助、贷款贴息等

政策名称	发布时间	主要内容
《东莞市经济和信息化局"机器换人"应用项目验收认定操作规程（试行）》	2014年11月	《操作规程》为进一步加强对市"机器换人"应用项目的监督管理，根据《东莞市"机器换人"专项资金管理办法》等有关规定制定，具体规定了验收认定范围、验收认定依据和内容、验收认定组织和程序、验收认定结果及运用等方面的内容
《关于大力推广融资租赁促进技术改造的工作方案》	2014年12月	提出2016—2018年，每年由省财政统筹安排专项资金1亿元、东莞市财政配套专项资金1亿元，共同设立"省市共建专项资金"，推动融资租赁业务的发展以及中小企业设备更新升级替换。一是融资租赁贴息补助；二是单个企业每年度列入贴息的融资租赁合同设备投资额不超过1500万元，年贴息金额不超过融资租赁合同设备投资额的8%；三是获得省设备融资租赁扶持的项目，仍然可参与市"机器换人"和节能与循环专项资金申报；四是融资租赁风险补偿制度
《关于大力发展机器人智能装备产业打造有全球影响力的先进制造基地的意见》	2016年1月	提出到2020年，产业规模达1000亿元，年均增长30%；推广应用实现突破，每万名员工使用机器人台数提高到120台以上；创新能力有效提升，研发经费支出占生产总值的比例超过4%；产业配套链条完善，建成2—3个工业机器人产业园和10个智能装备特色产业基地；未来五年市财政每年安排不低于2亿元的普惠性"机器换人"专项资金；实施3C产业智能制造示范工程，按项目设备和技术投入总额的15%—20%予以资助，单个项目最高资助1000万元；强化融资租赁促进"机器换人"，力争五年内为企业提供50亿元以上的技改融资支持；与国家开发银行合作开展"零首付、零门槛"技术改造信贷计划

政策的东风产生了强大的推动力。在"机器换人"计划的带动下，东莞市机器人产业加速发展，市场结构呈现出从垄断竞争向完全竞争格局演化的态势，以代理库卡、安川、发那科等国际知名企业产品运用的市场结构逐步过渡到向吸收消化再创新型企业数量迅速增多的方向改变，涌现出了东莞艾尔发自动化机械有限公司、东莞固高自动化技术有限公司等具备较强研发能力的企业。受此影响，东莞市机器人企业主要集中在系统集成部分。到2015年底，东莞已有六成工业企业开展实施"机器换人"，研发工业机器人的企业和工业机器人装备制造商达到70家，机器人企业数约占全国总数的10%，与机器人产业相关的企业数量突破200家，工业机器人产业总产值15亿元，整个智能装备产业总产值逾200亿元。到2016年，东莞市工业机器人的市场应用已达到10000台，以直接坐标机器人为主，五轴以上机器人约有2000台，应用市场规模超过100亿元。

　　在政府扶持力度不断加码及市场需求不断被释放的背景下，东莞机器人产业迎来更为广阔的发展空间和更快的发展速度，并在产业转型升级的过程中发挥着越来越重要的作用。

　　东莞市在国内率先大规模实施"机器换人"计划，从而强力推进机器人智能装备产业发展，形成了较为突出的先发优势，从而成为国内机器人智能装备产业发展的重要策源地。

　　2015年以来，受政策引导及产业生态环境优化的影响，行业领袖企业入场及研发机构与企业牵手合作，带动了一大批极具潜力的创新创业人才和企业先后进驻莞城，东莞市机器人创业企业和开展机器人业务的企业数量急剧增加，产品和服务数量也随之增长，涌现出了一批具有发展成为"独角兽"潜质的企业。松山湖国际机器人产业基地已孵化了李群、逸动、优超3家公司，现引进了10个创业团队。其中逸动科技公司仅成立一年就被红杉资本估价为1亿元。专注食品和电子行业的机器人本体制造商李群公司，获得了全球最大天使机构红杉资本3000万元注资，目前的估值已达6亿元。

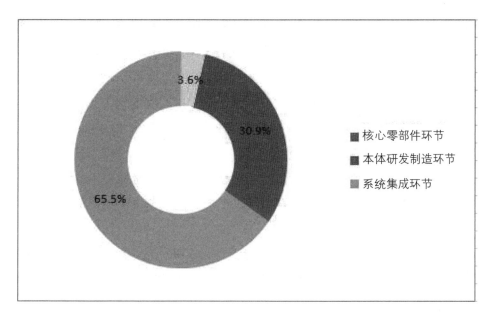

图 4-1 东莞市机器人产业链结构图

东莞市机器人产业现主要分布于松山湖高新技术开发区、大岭山镇、大朗镇、横沥镇、长安镇等区域。其中70%以上的企业分布在松山湖高新技术开发区内。松山湖还建立了广东省智能机器人研究院、松山湖国际机器人产业基地和东莞北京航空航天大学研究院三个机器人产业园区和一个市级孵化器——阿尔派智能制造孵化园。

"基地最大的亮点是创新科技成果转化模式，以市场需求为导向，以培养应用型的研发及创业人才为主线，孵化一批生力军和后备军企业，实现从0到1再到N的创新。"松山湖国际机器人产业基地负责人介绍，短短4年多时间，基地探索出一条独具特色的机器人创新创业孵化之路。基地积极推动科技平台建设，2016年获批创建广东省新型研发机构及市级孵化器，2017年11月，被广东省人力资源和社会保障厅认定为广东省示范性创业孵化基地，成为东莞市第一个获此殊荣的创业孵化基地。基地凭借自身力量，同时与国内高校和民营企业开展合作，在高端装备运动控制、谐波减速器、精密减速器和超声电主轴等核心零部件方面已突破日本、德国技术封锁。基地专注机器人及相关行业的创业孵化，截至目前，孵化实体80

余家，包括53家创业企业和32个创业团队，其中27家创业团队成功孵化成公司，总产值超过19亿元。基地培育了专注水上机器人的亿动科技、专注扫地机器人的云鲸智能、专注超声波传感器的优超精密等一大批小规模但富有生命力的高科技企业；机器人学院三届招生人数达230人，第一批80多名大三学生进驻基地开展2年的学习。基地已对22个企业、团队项目投入近亿元，并带动知名风险投资机构投资入股3.45亿元。

在全方位精心培育下，松山湖机器人产业迎来高速发展，成为众多优秀机器人企业及创业团队的共同选择。目前，园区已聚集约300家机器人企业，其中高企60家，占园区高企总数20%；核心零部件企业69家，占23%，本体企业6家，占2%，智能装备企业占20%，系统集成企业占55%。2018年园区22家机器人规模以上企业累计工业总产值为21.36亿元，较去年同期相比增长36.6%。

从产业亮点来看，松山湖机器人产业一是以创业孵化为主，培育了李群自动化、骏智机电、车小秘智能、思沃精密、东博自动化等生力军；二是注重核心零部件的发展，在运动控制器领域，国内十大国产品牌运动控制器企业中，固高科技、众为兴和汇川技术落户园区，同时李群自动化技术有限公司全新设计的第二代控制器填补了国内外分布式、驱控电一体的工业机器人智能控制器的空白；三是两大科研机构产业生态圈齐头并进，广东智能机器人研究院利用华中科技大学强大的科研力量，为广东乃至全国提供智能制造解决方案，松山湖国际机器人研究院则以创业为主要手段，引进更多国外机器人产业资源。

第二节　全省首家上市与莞城机器人企业方阵

"阵而后战，兵法之常"。史载黄帝与炎帝在阪泉进行激战，黄帝以"丘井之法"布阵，"教熊罴貔貅貙虎……三战然后得其志"。《史记·周本纪》还记载，周武王继位后率兵车300乘，虎贲3000人，开赴商郊牧野伐纣，姜太公

吕尚布"三才五行阵"（按井字形划为九个方阵，前为天阵，后为地阵，左右为人阵，名为三才，按金、木、水、火、土结构，土居井字形中央，其他分居四角，称五行阵）攻击商军，商军土崩瓦解。弹指一挥间，数千年过去，兵戈之争的阵法之妙已被企业界活化妙用。莞城机器人企业所布设的强大方阵显现其剑指中国机器人市场的宏图伟略。

今年38岁的吴丰礼来自江西瑞昌。2001年，从部队退伍的他来到东莞市进入一家外资企业从事销售工作。每天坚持跑步10公里，热爱读书、热衷哲学的他一边工作一边收获各种各样的信息并进行分析判断。他意识到传统的劳动密集型企业享用人口红利的时代即将终结，实现自动化将是企业存续发展的必由之路。

在企业打工7年之后的2007年，他离开公司，以50万元的启动资金创立了广东拓斯达科技股份有限公司，目标是打造一个全新的工业机器人品牌。两张办公桌和几台电脑就是创业的家当。尽管做的是机器人，但吴丰礼并不愿意把自己的产品看成是冷冰冰的机器，他提出了一句很有意境的企业愿景——"让工业文明回归自然之美"，让科技改变传统落后、低效恶劣的劳动环境。这使他一直保持着别样的创业情怀。

"工业机器人企业必须掌握核心技术，否则就会沦为组装厂。"吴丰礼深深认识到掌控核心技术的重要性。创业之初，拓斯达主要从事注塑机机械手臂生产，业绩多年保持在30%—50%的增速。拓斯达快速成长的关键点，就在对核心技术的掌控。连年来拓斯达研发投入的比例超过9%，研发人数占总员工人数1/3以上。2016年4月28日，拓斯达和全球工业机器人"四大家族"之一的瑞士ABB集团签订战略合作协议。这是东莞本土机器人企业首次与机器人国际巨头的深度合作，拓斯达实现了第一次重大飞跃。

十年磨一剑，青锋耀光芒。2017年2月9日，广东拓斯达科技股份有限公司在深圳证券交易所创业板挂牌上市，这是广东省首家在创业板上市的机器人企业，也是东莞市大力实施"机器换人"结出的硕果。此次上市，拓斯达发行股数1812万股，发行价18.74元，募集资金总额约为3.40亿元。

拓斯达现位于东莞市大岭山镇大塘朗村，是国家高新技术企业、广东省级企业技术中心，获评广东省高成长性中小企业。核心产品包括以工业机器人为代表的智能装备和以控制系统及MES为代表的工业物联网软件，为客户提供基于工业机器人的智能生产环境整体解决方案，打造健康的智能制造生态圈。拓斯达在全国设有30多个办事处，有5000余家服务客户，包括比亚迪、长城汽车、伯恩光学等知名企业。2014年，被《福布斯》杂志评为"中国非上市潜力企业百强"第30名，2015年，被国际四大会计师事务所之一安永（EY）联合复旦大学评为"中国最具潜力企业"，2016年被评定为广东省机器人骨干企业，2018年获得"东莞市政府质量奖"。2019年2月，中共中央组织部办公厅公布的第四批国家"万人计划"入选人员名单中，走在"工业4.0""中国智造"的最前沿的吴丰礼榜上有名。

"企业成功应具有三大要素，首先应该是在核心技术方面能做到领先全球，第二是市场占有率能做到遥遥领先，第三是市场美誉度能做到遥遥领先，这些都是拓斯达持续奔跑的方向。"吴丰礼先生说，"我希望我这一辈子都在创业的路上，我希望我的团队也是一样，我们的价值观中有两句话，第一，全心全意为客户服务，我觉得只有为客户创造的价值，推动了这个行业的进步，拓斯达才有价值；第二点是群体奋斗群体成功，我认为只有通过一群人持之以恒的奋斗，才能为客户创造更多的价值，让奋斗者得到相匹配的回报。"

东莞市委书记梁维东认为，拓斯达的上市实现了从产品经营到资本运营的跨越，对东莞市的机器人企业将起到非常重要的示范借鉴作用，引领带动更多的东莞企业借力资本市场，实现跨越发展。

时任广东省副省长袁宝成对拓斯达公司的上市寄予厚望："近年来，省政府高度重视人工智能产业，努力推动机器人产业发展，希望拓斯达公司将上市当作起点，借助资本市场，真正做强做大做实机器人产业，特别在机器人核心技术研发、人才队伍建设、机器人产业推广方面狠下功夫，使企业未来发展得更好；同时，也希望东莞继续大力扶持实体经济，积极推动'机器换人'及智能装备产业发展，努力为全省全国提供更多有益经验。"

拓斯达的发展历程与上市是东莞市机器人企业的一个代表和缩影。经过10多年的发展，东莞市在机器人产业的研发设计、核心零部件、本体制造及系统集成等各个环节，涌现出了一批具有强大研发和综合竞争力的代表企业，组成方阵，成为东莞机器人产业发展的引领力量。

机器人核心零部件环节重点企业

1.控制系统龙头企业——固高自动化技术有限公司

东莞固高自动化技术有限公司创办于2011年，位于东莞市松山湖国家高新技术产业开发区，核心技术有运动控制、图像与视觉传感、机械优化设计、伺服驱动等工业自动化技术的研发和应用，填补了国内同行业的多项空白，是东莞市和广东省控制系统领域领军企业。

2.谐波减速器品牌企业——本润机器人开发科技有限公司

本润于2015年落户松山湖国家高新技术产业开发区，全力进行机器人核心部件谐波减速器的研发生产，已成功开发出4轴机器人、6轴机器人及机器人用多款谐波减速器。

3.编码器品牌企业——盈动高科自动化有限公司

广东盈动是由一支由国家"千人计划"青年人才、跨国企业高级创新技术团队成员等构成的高科技企业，研发把角位移或直线位移转换成电信号的运动控制传感器，已被运用到装备制造业、航天航空、军事、风能、太阳能、汽车、轨道交通、电梯等领域。

4.电动船外机品牌企业——逸动智能科技（东莞）有限公司

逸动智能科技成立于2014年11月，主要进行电机、电机驱动和螺旋桨等核心部件和电动船外机自主研发，产品已打入欧美及澳洲等国家市场。

机器人本体研发重点企业

1.自动化生产设备——成电精工自动化技术有限公司

成电精工坐落于松山湖，是一家工业自动化专业设计制造公司，其主要产品包括HDMI系列高频自动焊接设备和USB系列高频自动焊接设备两大系列产品，目前已被应用于富士康、富港电子、日新传导、岳丰科技、富创高科等知名品牌。

2.自主研发品牌企业——李群自动化技术有限公司

李群是科技型公司，专注于轻量级、高性能机器人产品及应用技术的研发，现已拥有具备世界领先技术的自主高端机器人、机器人辅件、系统软件等系列产品，被广泛应用于3C电子、玻璃、精密机械、新能源、食品、医药制品、日化品等领域。

3.国家高新技术企业——伯朗特智能装备股份有限公司

伯朗特是国家高新技术企业，承担科技部项目，获创新资金支持并喜获广东省名牌产品荣誉称号，自主研发生产的线性机械手及工业机器人被广泛应用于电脑及周边零件业、电子通讯产业、光电产业、汽车产业、医疗及包装产业等行业，曾获高工机器人金球奖。

机器人系统集成环节重点企业

1.自主研发四轴机器人——松庆智能自动化科技有限公司

松庆智能创建于2007年，主打产品主要包括ABB/安川工业机器人的集成运用、压铸周边自动化、自主研发四轴水平机器人、视觉检测仪器等，产品广泛用于压铸、铸造、低压锻造、冲压、冲床等汽车、3C、卫浴、灯饰、锁具、电动工具、玩具、礼品等行业和领域，出口印度尼西亚、越南、泰国等多个国家。

2.产量位居国内第二——艾尔发自动化机械有限公司

艾尔发成立于2001年，是天行自动化机械股份有限公司在东莞大朗成立的台资企业，专业生产射出成型专用机械手臂及周边自动化设备，年产机械手4000台。公司在东莞和苏州均拥有大型厂区，产量在国内居第二位，公司所属集团属世界行业龙头前列，占世界市场份额20%。

3.生产六轴机器人——拓野机器人自动化有限公司

拓野位于东莞市长安镇，专业从事于六轴工业机器人的研发、生产、销售，现已成为集系统设计、生产制造、技术服务为一体的专业机械自动化运营商，在深圳、东莞、佛山、长沙、昆山、大连、西安等地设有分公

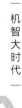

司或办事处。

4.智能机器人品牌企业——易步机器人有限公司

易步是一家专业从事智能机器人的研发、生产和销售的高新技术企业。目前主要专注于智能平衡车领域，是该行业的开创者与领航者。公司研发的易步M1、M2智能平衡车，已行销全球120多个国家和地区。

5.机器人本体品牌企业——凯宝机器人科技有限公司

凯宝是一家专业研发及生产直角坐标机器人、水平多关节机器人、垂直多关节机器人的高新技术企业，曾荣获深圳高工机器人年度机器人本体——SCARA类水晶球奖，截至目前已成功开发了12款直角坐标机器人和5款水平多关节机器人。

6.系统设备品牌企业——迅得机械（东莞）有限公司

迅得机械由台湾迅得机械股份有限公司独资设立，主要生产及销售电子相关生产制程控制系统设备（包括放板机、暂存机、自动收送料机、转向机等）、自动仓储机、液晶面板制程控制系统设备、太阳能板制程系统设备、光电制程系统设备。

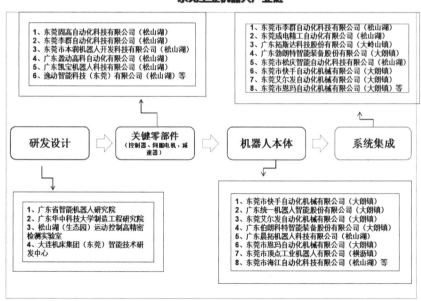

图 4-2　东莞市机器人产业链及产业结构分布图

东莞机器人研发设计环节重点机构

1.广东省智能机器人研究院

由广东华中科技大学制造工程研究院牵头,协同华南创新研究院、东莞华南设计创新院,联合华中科技大学、华南理工大学、香港科技大学、北京航空航天大学、广东工业大学等高校,整合具备检测资质的科学院所和运控器、伺服器及传感器等领域龙头企业,联合组建而成。以服务全省智能机器人产业发展为宗旨,建设共性技术与功能部件研发中心、集成技术与服务中心、公共试验与检测服务中心、产业孵化与投资服务中心、人才引进与培养中心五大研发服务中心。重点突破驱动技术、传动技术、控制技术、传感技术等十大共性技术,开发传统行业机器人、高速3C智能工业机器人、智能空中机器人、家庭服务机器人及医疗机器人等一批行业装备。

2.松山湖(生态园)运动控制高精密检测实验室

由松山湖国家高新技术产业开发区管委会投资900万元,采用"政府出资,委托企业经营"的方式,委托盈动公司搭建机器人研发特定领域共性的实验室,围绕运动控制系统方面,提供共性的检测服务。

3.大连机床集团(东莞)智能技术研发中心

由东莞市政府、大连机床集团、广东省智能机器人研究院共同建立,中心设立数控机床研究所、智能制造技术集成研究所、智能机器人研究所、实验室和展示中心,搭建大连机床国家级技术中心分中心数据库及设计平台,重点研发面向3C制造的智能设备及智能制造单元、智能制造及无人化工厂整体解决方案的设计和实施以及工业机器人研发及应用,开展机器人与智能制造技术研究及成果转化。

第三节　目标:2020年建成中国机器人产业先行市

"古之立大事者,不惟有超世之才,亦必有坚忍不拔之志"。越王勾践卧

薪尝胆复兴越国，苏秦引锥刺股苦读最终成就了前无古人后无来者的六国封相传奇，吕蒙折节读书成为一代名将也成就孙氏江东霸业。在今日机器人产业图霸路上，莞城志存高远，面对经济新常态新业态，东莞向先进制造业挺进，选择了"生产线技改""机器换人""拥抱工业4.0""自动化升级"等多元方式，拉开了东莞产业转型的序幕。市政府亮出图霸利器，连续四年发布"一号文"重点推进制造业转型升级，重点推动机器人及智能装备产业的发展，勾勒出东莞制造由大变强规划发展的路径，勾勒出成就机器霸业的新蓝图。

今年58岁的李泽湘出身于湖南一个教师家庭，母亲在小学任教，父亲是中学物理老师。在恢复高考后的第2年，李泽湘从湖南永州农村考入了中南矿冶学院（中南大学前身）。

1978年，中国改革开放刚刚拉开大幕，对外开放的大门刚打开，美国最大的制铝公司美国铝业公司带着一个考察团来到中国，受到了热情接待，感激之余当场表示愿为中方培养2名本科生作为答谢礼。1979年，18岁的大一新生李泽湘作为其中一位幸运儿，前往美国私立名校卡内基·梅隆大学留学，苦读四年后获电机工程与经济学双学士学位。随后他又到美国学习，先后获得数学硕士、电子工程和计算机硕士及博士学位。1989年，他再赴麻省理工学院人工智能实验室及纽约大学计算机系工作，获得卡内基·梅隆大学优秀毕业生奖、加利福尼亚大学E.J.Jury奖、美国国家科学基金的优秀青年学者启动基金。这为他日后从事机器人产业的研发展打下了坚实的基础。

1992年，从国外留学归来的李泽湘来到香港科技大学工作，创办了自动化技术研究中心，一直致力于机器人、制造科学与自动化领域的教学和科研工作，推动了中国研究生工程教育改革和创新人才培养体系的建立。他先后在重要刊物上发表120多篇论文，出版2本专著，在机器人方面的研究论文被国际同行普遍采用或引用，从而开拓了机器人在非完整约束下的运动规划这一学术领域，这也奠定了他在学术上的地位。他先后成为哈尔滨工业大学深圳研究生院特聘教授、长江学者讲座教授。

"创新教育的最高成就是成功创业。"李泽湘看过唐浩明所著的《曾国藩》，这本书成为他了解湖湘文化的一个窗口，湘军打仗的策略、洋务运动的发展，这些务实创新实用的方法潜移默化地影响他的处事原则。与当年曾国藩、左宗棠等人发起洋务运动一样，如今的湘人李泽湘也在发起一场教育领域的改革。如果说当年的洋务运动是"师夷长技以制夷"，那么百年之后，在改革开放40周年之际，现在的李泽湘要发起的，就是一场基于自主研发核心技术，培养高新技术领域创业人才的实验。而这样的实验，正在成为40年后继往开来经济发展的新方向之一。

东莞机器人产业发展的热土吸引了李泽湘的目光。5年前2014年的春天，李泽湘带着首批5名创业青年来到松山湖，开启了东莞机器人建设的全新模式。

他和他的创业团队与学生一起先后创办了李群自动化、逸动无人船、云鲸科技、海柔智能、松灵机器人等一批高科技机器人公司。李泽湘也因此被视为东莞机器人产业的奠基人、灵魂人物。

乔布斯是李泽湘推崇的企业家，走进东莞松山湖机器人产业基地大楼，迎面的墙上就写着苹果公司1997年最激动人心的广告词：

> 向那些疯狂的家伙们致敬，他们我行我素，他们桀骜不驯，他们惹是生非，他们格格不入，就像方孔中的圆桩，他们用与众不同的眼光看待事物，他们既不墨守成规，他们也不安于现状。你可以支持他们，反对他们，赞美或诋毁他们，但唯独不能漠视他们，因为他们改变了世界，他们推动人类向前发展，有人视他们为疯子而我们却视他们为天才。因为，只有那些疯狂到认为自己能够改变世界的人，才能真正地改变世界。

李泽湘非常喜欢这段广告词，词中描述的正是他梦寐以求的创新人才——他们应该具有从设计草图到构建成系统的能力，从设计到样机到产品的过程中，能把艺术、工程、科技、商业结合得很好。

2018年9月6日，由李泽湘领衔打造的世界级机器人产业园区——东莞松山湖国际机器人产业项目正式开建。项目占地面积65564.87m²，建筑

面积约113000m²，设有综合区（会议中心、图书馆、展览厅）、研发孵化区、粤港机器人学院、国际机器人研究院、中试车间、创意生活区等功能区域。机器人产业园区将专注于机器人和智能硬件方向，重点围绕工业4.0、农业4.0和智慧城市等板块发展，形成集技术研发、创业孵化、人才培养、生产制造、终端应用、展示展览、会议论坛、休闲娱乐等多功能为一体的机器人产业示范园区。建成后的园区可容纳100多个团队。

　　"松山湖国际机器人产业项目目标还是孵化创业公司，推动科技和教育的融合，力争形成教育、科技、产业、核心技术研发等一条龙的孵化基地。"李泽湘说："期望几年后，一批全球领先的核心技术、全球有影响的产品、国际知名的科技公司将从这里诞生，走向全国，走向世界。"

　　工业机器人产业链包括核心零部件、本体制造、配套服务和系统集成四个核心环节。核心零部件环节是重中之重，需要花费大量的时间去突破发展；本体制造是平台性环节，对于上下游有拉动和引领作用，需要较好的技术积累；系统集成环节是机器人产业的最终应用体现，需要依托良好的案例积累和广阔的应用环境来支撑。东莞机器人产业在四个核心环节上都具备了全面突破的巨大潜能。

　　在核心零部件环节，目前东莞市松山湖（生态园）高新技术产业发展区内积聚了一批具有较强研发创新能力的企业：在控制系统方面，拥有东莞固高自动化技术有限公司和广东高标电子科技有限公司，中小企业的代表有东莞市升力智能科技有限公司、广东华中科技大学工程研究院的东莞华科精机有限公司等企业；在减速机方面，目前拥有东莞市本润机器人开发科技有限公司，并将引进苏州绿的谐波传动科技有限公司；在伺服器方面，广东盈动高科自动化有限公司在编码器方面具有较强的竞争力。在东莞工业机器人核心零部件产业化战略布局的带动下，控制系统、驱动系统将取得全面的突破，从而实现产业链完整化、自主化。

　　松山湖国际机器人产业项目落地加速了东莞市通过发展机器人智能装备产业打造有全球影响力的先进制造基地的步伐。早在2016年东莞市政府发出的"一号文"《关于大力发展机器人智能装备产业 打造有全球影响力的先进制造基地的意见》就提出，到2020年，构建起产业特色鲜明、企业集聚发展、配套链条完善、公共服务齐全的机器人智能装备产业链，机器人广泛应用于制造领域和服务领域，东莞建成中国机器人产业先行市，成为有全球影响力的先进制造基地。

按东莞市政府发出的"一号文件"的要求，到2020年，机器人产业规模快速增长，机器人及智能装备产业产值达到1000亿元左右，年均增长30%，带动先进制造业、高技术制造业占规模以上工业增加值的比重分别超过55%和45%，推广应用实现突破。工业机器人在电子、机械、食品、纺织、家具等行业普及应用，服务机器人在家政服务、养老助残、医疗康复、教育娱乐等领域初步应用，每万名员工使用机器人台数提高到120台以上，国产机器人本地市场占有率超过50%，其中莞产机器人本地市场占有率超过25%，创新能力有效提升。建成一批机器人国家级和省级企业研发中心，部分关键零部件研发水平达到国内领先水平，工业机器人平均无故障时间达到国际先进水平，机器人研发经费支出占该行业生产总值的比例超过4%，产业配套链条完善。建成2—3个工业机器人产业园和10个智能装备的特色产业基地，集聚一批机器人自主品牌和知名系统集成服务商，培育一批机器人产业名牌产品，形成覆盖本体、伺服电机、减速器、控制器、系统集成等较为完备的机器人产业体系。

40年前改革之初，东莞市以"三来一补"叩开了制造的大门，成为闻名中外的"世界工厂"。沧海横流，当民工潮被民工荒取代，"世界工厂"面临着全新决策的关键时刻，东莞市及时进行了制度变革，多份一号红头文件的出台，东莞以"机器换人"，不仅化解了用工荒的尴尬，也提升了东莞制造的效益和工艺，打响了东莞智造的全新品牌。40年后的今天，东莞再次成为"世界工厂"。这一次，从东莞出发的是手机、工业机器人等技术含量高、产品价值高的全新产品。

2018年，东莞智能手机出货量为2亿多台，约占全球智能手机出货量的20%，赢得了"全球五部智能手机有其一"的产业地位，拥有包括华为、OPPO、VIVO、金立在内的知名手机品牌工厂。这座世界工厂还被打造成"产、学、研、资"完整的"制造+创新"链条，令城市有了创新高地的底气，在多个创新指标上占据了广东省地级市的首位：2018年，东莞发

明专利授权量、国内有效发明专利量均居全省地级市第一；国家高新技术企业存量4058家，稳居广东省地级市第一；累计引进省市创新科研团队74个，其中省团队36个，连续7年稳居全省地级市第一。

从2014年起到2018年连续五年"一号文件"加码，东莞掀起了智能革命创新制造热潮。东莞以"系统集成＋本体制造＋软件开发＋工业互联网"四位一体为发展定位，构建智能制造生态链。2017年年底，广东印发《广深科技创新走廊规划》，广深科技创新走廊的37个省级创新节点中，东莞占了9个，包括中子科学城在内。按照东莞的设想，依托国家散裂中子源所规划建设的中子科学城规划面积45.7平方公里，目标是打造成为珠三角大装置集群核心，国家级科技创新策源地，广深走廊联合创新、开放创新、集成创新中心。东莞将通过打造中子科学城，实现一批大科学装置、一批研发平台、一批企业研发中心和产业化基地的聚集，形成"基础研究—应用研究—孵化—中试"全周期创新生态链。此外，加速利用企业实验室、高水平理工大学等科技创新载体，率先推动产业转型升级，将创新成果转化为核心竞争力参与全球产业竞争，以战略性新兴产业为主导引领东莞经济转型升级。

2019年1月18日，由东莞松山湖科技创新局、中国科学院云计算产业技术创新与育成中心等联合举办的"2019人工智能产业（东莞松山湖）资本对接会"在中科院云计算中心举行，引来了100余家风投机构和150余家企业，7个人工智能产业优质项目进行了现场路演。另一场规模更大的活动——2019年东莞国际智能工厂展将于2019年11月在广东现代国际展览中心举行。厉兵秣马，声势浩大。所有的这些都证明着莞城机器人摸爬滚打闪转腾挪的巨大潜能和无穷活力。

2019年5月9日，2019年全国机械行业两化融合推进大会暨工业互联网促机械工业转型发展论坛在东莞召开。作为第五届广东国际机器人及智能装备博览会的配套活动，大会由中国机械工业联合会主办，行业专家、行业组织、研究院所、企业及等300多名代表出席大会。"机器换人·东莞智造"令人关注。数据显示，到2018年年底，东莞市已经投入使用工业机器人8000台。越来越多的企业急需使用自动化设备，众多企业正在构建自动化生产线，甚至是全自动的无人生产线。

筑梦机智大时代，莞城处处绽芳华。莞城打造中国机器人产业先行市的目标已渐行渐近。

第二辑

蓝图：机智革命

第五章
粤海风云：机器人产业描蓝图

> 惟坚持创新是第一动力，加快科技创新强省建设。全面组织实施九大重点领域研发计划，推动激光设备与器件、服务机器人、国际数学中心等国家重大科技项目和平台落户广东。
>
> ——广东省省长　马兴瑞·2019年《政府工作报告》

> 人工智能将在2029年左右达到人类智力的水平。再进一步，比如说，到2045年，我们将会把智能技术、人类文明所创造的生物机器智能的能力扩大10亿倍。
>
> ——美国谷歌公司机器与智能专家　雷蒙德·库茨魏尔

第一节　发展元年广东倾力扶持机器人产业

红英一树春来早，万紫千红紫展芳菲。木棉花开，珠水长流，千帆竞发，梦想再起航。春天的故事在田间地头，在学校社区，在工厂车间一遍遍讲述，更显得动听和感人。已创造了一又一个奋斗奇迹的广东儿女在传承创新创造的优秀基因，挺起了大时代大湾区的建设脊梁。东方风来满眼春，勇立潮头唱大风。改革开放的时代赞歌和再出发的号角已响彻南粤大地，新时代的召唤，让追梦的南粤人民在春天里雄姿勃发。

2019年1月28日，广东省省长马兴瑞在广东省第十三届人民代表大会第二次会议上作政府工作报告，描绘了2019年的发展蓝图，指出广东省将重点做好十个方面的工作。推动服务机器人的发展就涵盖其中。政府工作报告提出要坚持创新是第一动力，加快科技创新强省建设。全面组织实施九大重点领域研发计划，推动激光设备与器件、服务机器人、国际数学中心等国家重大科技项目和平台落户广东。在新一代通信与网络、量子科学、脑科学、人工智能等前沿领域布局建设高水平研究院。深化新一轮省部院产学研合作，推进高水平大学、高水平理工科大学和重点学科建设，支持引领型创新企业发展，培育更多在国际上并跑、领跑的创新成果。建设一批军民科技协同创新平台，加快国防科技工业成果产业化应用推广中心建设，争创国家军民融合创新示范区。

广东作为中国制造业第一大省，经济飞速发展。从20世纪90年代开始涌现的"民工潮"到21世纪初的"民工荒"，人口红利和劳动力资本渐渐失去优势的时候，一个全新的命题摆在了政府、企业和市场面前：如何破解用工难题，走出困局。

时间的拐点出现在2014年。这一年，中国的业态出现前所未有的波动，似乎各行各业都在寻找新的路径和归宿。就像一片刚刚经历过连日春雨后的原野，许多草木遭受大雨的洗刷冲击后，充满了无序的逻辑和多重的方向，但是在春风的抚慰下，零乱而又肆意生长，活力与生机在潜滋暗长。

许多产业和领域就像棋至中盘戏到高潮前一样变幻莫测。有轰然倒地英雄末路的悲情，有逆境重生笑看风云的豪气；有举步维艰不知所措的茫然，有转危为安冲出重围的欣喜；有柳暗花明重获生天的惊喜，有不畏艰险再战江湖的期盼。这一年，不少领域都标称它是自己的元年。无论怎样，这一年都是一次完整而独特的经历，它鲜活地走过春夏秋冬，结结实

实在每个人的心里烙下一个永恒的印记。真正留下永恒印记的是机器人那奇特的身躯和脸孔。

国际机器人联盟（IFR）发布数据，2013年中国购买了全球五分之一的机器人，首度超过日本，成为全球最大的工业机器人买家。2014年，中国市场销售工业机器人5.6万台，约占全球市场总销量的四分之一。中国连续两年成为全球第一大工业机器人市场。中国机器人产业联盟发布的数据称，中国工业机器人的保有量达到80万台。2009年至2014年中国工业机器人市场销量以年均58.9%的速度增长。这一年，注定成为机器工业制造业发展历史上浓墨重彩的一年。

2014年也因此被称为中国机器人产业的发展元年。作为全国制造业大省的广东省在承受人力资源成本上涨、春节前后"用工荒"的压力时，对工业机器人的需求更为迫切。为了促进机器人产业的快速发展，广东早在2013年9月25日，就宣告成立广东省工业机器人推广应用产业联盟。联盟中包括了以广州数控、巨轮股份为龙头的40多家工业机器人智能制造企业。联盟成立后，围绕加快广东省智能制造的发展需求，落实推广了一批工业机器人应用示范项目，培育发展了一批应用集成总承包企业，扶持壮大了一批工业机器人制造与关键零部件龙头骨干企业。

广东省制造业劳动力成本持续上升与招工难的矛盾日益凸显，以工业机器人应用为代表的智能制造与装备产业将进入一个快速发展期，广东由此成为中国最大的工业机器人市场之一。"我们对本省机械装备、汽车、电子信息、石油化工、造船、轻工纺织等行业应用工业机器人的情况进行了调研，发现目前应用基数比较低，但是许多企业对机器人需求愿望强烈，这些市场需求将是促进广东省机器人产业发展最大的动力。"广东省工业机器人产业联盟秘书长刘次英说，联盟成立之后，广东进一步推进工业机器人产业，加大资金、用地、人才等方面的扶持力度。同时，抓好一批效果突出、带动性强、关联度高的典型应用示范工程，以点带面推动运用工业机器人来改造提升传统制造业，打造广东特色的机器人产业集群区。

"机器换人"战略在顶层设计的推动下，在广东如火如荼推行，广东珠江三角洲各市纷纷扬扬响应，深圳、广州、东莞、佛山、顺德等地相继出台了机器人产业相关政策。

深圳：市财政每年安排5亿元扶持资金

2014年12月中下旬，占据了广东机器人半壁江山的深圳市出台了《深圳市机器人、可穿戴设备和智能装备产业发展规划（2014—2020年）》（以下简称《发展规划》）以及《深圳市机器人、可穿戴设备和智能装备产业发展政策》。

《发展规划》提出要"强化自主创新能力""提升产业发展水平""促进产业高端集聚""拓展现代制造服务""优化产业生态环境"等五大主要任务；重点扶持八大工程，分别是：工业机器人跨越工程、服务机器人孵化工程、可穿戴设备创新工程、智能检测仪器培育工程、元器件与关键部件支撑工程、智能制造成套装备提升工程、重大应用示范推广工程和传统产业智能化升级工程；从组织、政策、资金、人才和空间等五个方面提出了相应的保障措施。《发展规划》指出，深圳市将选择条件成熟的区域，建设2—3个机器人产业园区，以具有国际竞争力的工业机器人骨干企业为核心，带动园区内中小企业进行专业化配套生产，形成区域协作完善的产业集群。

《发展政策》规定，自2014年起至2020年，连续7年，市财政每年拨款5亿元，设立市机器人、可穿戴设备和智能装备产业发展专项资金，支持产业核心技术攻关、创新能力提升、产业链关键环节培育和引进、重点企业发展、产业化项目建设等。专项资金建立无偿资助与有偿资助相结合、事前资助与事后资助相结合、财政引导和社会参与相结合的市场化投入机制，形成直接补贴、贷款贴息、股权投资、风险补偿等多元化扶持方式。

广州：培育形成超千亿产业集群

2014年4月，广州市政府印发《关于推动工业机器人及智能装备产业发展的实施意见》（以下简称《实施意见》），提出到2020年要培育形成超千亿元的以工业机器人为核心的智能装备产业集群，并在研发、采购等环节提供资金支持。

《实施意见》确立机器人及关键部件、智能装备及关键部件两大发展领域和十一个细分领域。确立"一园三区"的总体发展架构，将智能装备产业园分为北区（知识城）、中区（云埔工业园）和南区（老黄埔区智能产业园）。其中，北区为新建区域，主要承载研发、科技孵化、高端制造项目，是产业园未来发展中心。中区和南区发展已相对成熟，以调整提升为主，是近期建设的重点。

而根据《实施意见》，广州提出的目标是到2017年，全市先进装备制造业产值超过1.1万亿元。广州的智能制造、智能装备在国内发展水平良好，但和发达国家相比，还是比较落后。为此《实施意见》提出，广州将启动实施"机器换人"行动，引导和鼓励企业应用先进适用的技能装备进行技术改造。《实施意见》确定了7项保障措施，在土地资源配置、财政资金支持、环保、程序简化等方面予以扶持，包括对实施技术改造投资额在10亿元以上的先进装备制造业项目，广州市将优先安排年度土地利用计划指标，并优先支持投资强度达到500万元/亩以上的优秀技改项目，助推广州成为国家重要的先进装备制造基地。

东莞：建全国智能制造示范城市

2014年8月，东莞市相继出台发展机器人产业的两份纲领性文件：《推进企业"机器换人"行动计划（2014—2016年）》（以下简称《行动计划》）和《关于加快推动工业机器人智能装备产业发展的实施意见》（以下简称《意见》）。

按照《行动计划》的规划，东莞到2016年将争取完成相关传统产业和优势产业"机器换人"应用项目，推动全市一半规模以上工业企业实施技术改造项目。《行动计划》明确提出，东莞将设立"机器换人"专项资金，推动实施应用项目。对企业通过自有资金、银行贷款、设备租赁等方式购买"机器换人"设备和技术的，将按照投入的一定比例给予事后奖励或贴息支持。

《意见》则明确了工业机器人智能装备产业的目标：到2020年东莞市要成为全省乃至全国具有竞争力和影响力的工业机器人产业基地和智能制造示范城市。《意见》同时明确了在人才、土地、财政等方面的扶持政策，包括：研究制定产业扶持政策，加大财政扶持资金对工业机器人智能装备项目的倾斜。其中，对技术领先、投资总额大、产业关联度高、带动性强的工业机器人智能装备和工业机器人产业基地建设等重大项目，采取"一事一议"的方式给予专项政策支持；建立工业机器人智能装备及"机器换人"项目绿色报审通道，保障项目用地；建立多层次多类型的工业机器人智能装备产业人才培养体系，给予政策倾斜等。同时，积极争取国家和省财政政策支持。

佛山：生产企业、使用单位、贸易公司都给奖励

2014年10月下旬，佛山市政府常务会议审议通过《佛山市打造万亿规模先进装备制造业产业基地工作方案的通知》（以下简称《通知》）。为鼓励做强做大装备制造业，佛山市对营业额、税收上规模企业以最高1000万元不等的资金奖励，同时为推广机械智能化生产，购买机器人的企业也可以获得每台1万元的奖励。

《通知》对机械装备龙头企业的直接奖励数额可观。其中，对主营业务收入首次达到10亿元且税收超2000万元的企业奖励200万元；首次达到50亿元且税收超过5000万元的企业奖励500万元；对主营业务收入首次达到100亿元且税收达到1亿元的企业奖励1000万元。

《通知》还提出由市机械装备协会筹资500万元，市财政再拨出专项资金500万元，共同设立专项资金对销售本土机械产品的贸易公司进行奖励，分为年销售额超500万元的奖励20万元、超1000万元的奖励50万元、超3000万元以上的奖励60万元三个档次奖励。

顺德：企业可无息使用亿元创新资金

2014年7月3日，佛山市顺德区发布《顺德区关于推进"机器代人"计划全面提升制造业竞争力实施办法》（以下简称《计划》），该份计划从起草到发布历时半年，顺德拟通过该份计划推动区内制造企业加速采用工业机器人，同时又拉动区内机械装备产业产值在未来3年翻番。

《计划》鼓励家电、机械、家具、纺织服装、包装印刷、建材、五金照明、汽车配件、精细化工、生物医药等行业的制造型企业通过智能装备、成套自动化生产线等技术改造更新技术装备和设备。为了推广智能装备与工业机器人应用，在每个行业中选取不少于30家企业开展改造示范。

《计划》规定，骨干企业通过技术改造核准且智能设备购置金额超过500万元的，将可获得对设备购置费10%的财政部补贴，单个企业补贴额最高为100万元。

《计划》还规定，对区内年营业收入在2000万元及以上的法人工业企业，采购在本区注册、在本区纳税的智能装备和工业自动化企业提供的装备、解决方案或系统集成服务，通过技术改造核准且当年设备购置总金额超过200万元的，按设备购置费总额的一定比例给予补贴。

根据《计划》，到2018年前，顺德每年将从区创新扶持资金中安排不少于5000万元额度，通过无息使用的方式，优先支持制造企业开展自动化生产线改造、工业机器人采购，支持智能装备企业开展智能化技术改造。目前，顺德安排给予企业无息使用的创新资金额度为1亿元，这也意味着，有一半无息使用的创新资金将投向"机器代人"计划。

另外，顺德还将从区政策性融资担保机构安排不少于4亿元的融资担保额度，优先支持制造企业开展智能化技术改造，而该比例占据现有银行授信的融资担保资金总额的2/3。

一石激起千层，扶持发展机器人产业的政策办法接连出台。2015年12月，广东省经济和信息化委员会印发了《广东省机器人产业发展专项行动计划（2015—2017年）》（以下简称《行动计划》）。《行动计划》提出，要把广东建成全国乃至全球机器人制造业重要基地和全国机器人示范应用先行省，以满足广东制造业转型升级对工业机器人的市场需求为主攻方向，重点突破机器人关键核心技术并形成知识产权，培育一批机器人自主品牌和知名系统集成服务商，实现机器人研发制造和示范应用双突破、产业规模和发展水平双提升。到2017年年底，建成3—5个各具特色的机器人产业基地，3个以上机器人产业技术（应用）研究院，培育50家以上机器人研发制造和系统集成服务骨干企业，10个以上知名自主品牌。在1950家规模以上制造业企业开展工业机器人示范应用，初步建成10个以上工业机器人及关键零部件的标准、检测、认证、培训平台；智能机器人产业发展水平和规模明显提升，机器人产业自主创新能力进一步增强，产业发展生态进一步完善，质量效益进一步提高。机器人全行业发展规模达到600亿元，年均增长25%，带动智能装备产值达到3000亿元左右，总体发展水平位居全国前列。

该《行动计划》还提出要在广东建设五大机器人研究院：

中国（广州）智能装备研究院。构建集研发、设计、检测、生产为一体，面向工业机器人及智能装备产业链的国家级公共服务机构。建设战略发展研究中心、智能装备产品设计开发公共服务平台、智能装备质量可靠性技术开发平台、智能装备功能性试验检测平台、智能装备质量可靠性验证平台、智能装备工艺保障平台。

华南智能机器人创新研究院。以龙头企业为基础联合相关高校和科研机构，建设机器人研究院及生产基地，开展面向工业机器人应用研究和服务机器人应用研究及产业化，开展机器人及智能装备关键技术突破及行业应用推广、检测评估服务与标准化、高端人才培训与国际合作、产业孵化培育等。

广东省智能机器人研究院。服务全省智能机器人产业发展，建设智能机器人共性技术与功能部件研发中心、智能机器人集成技术与服务中心、智能机器人公共试验与检测服务中心、智能机器人产业孵化与投资服务中心、智能机器人人才引进与培养中心，构建机器人核心技术专利池、高端人才聚集地、机器人产业技术创新高地。

中以机器人研究院。引进以色列先进技术和高端研发人才，主要面向国内市场需求开发机器人应用项目，包括助理机器人、医疗机器人、自动行驶车辆、工业机器人以及运动控制、伺服电机、驱动器和其他机器人；打造中以机器人研究、教育培训交流合作平台。

松山湖国际机器人研究院。重点发展面向3C（电脑、通讯和消费性电子）产业的新一代工业机器人，加快发展服务、家庭、医疗以及消费机器人，聚焦突破核心技术、累积核心知识产权、研制高端新产品、引进高端创业团队，建设创业俱乐部、创业学院、孵化器、机器人学院、智造坊、机器人产业园区等。

第二节　全国行业龙头：数读广东机器人产业

《三国志·吴书·吴主权潘夫人传》记载："吴主权潘夫人……得幸有娠，梦有似龙头授己者，己以蔽膝受之，遂生亮 。"这是龙头一词的出处。此后"龙头"被赋予许多新意：杰出人物的领袖；状元的别称；有龙头的琴；龙船的船头；榨床上酒液出口处；自来水管放水活门；帝王的头颅；自行车的车把；火车机车；怀表上的摁扭等等。

而企业被冠以"龙头"之称则是实力的体现。风起南粤，春江水暖。旺盛的市场需求刺激、政府部门出台各种利好的政策扶持，广东机器人产业迎来全新的繁荣与发展。"机器换人"取得了应有的效果，广东机器人一跃成为全国行业龙头，成为引领机智大时代的风向标。

2016年广东省人社厅的一份数据显示，当年每台机器人设备平均可代替工人6.5名，可节约人工成本10%—30%。2015年，广东工业机器人保有量占全国比重仅为18.8%，到了2016年广东工业机器人保有量就出现了井喷，全省一共新增应用机器人2.2万台，总量超过6万台，这一保有量约占到了全国五分之一。根据国家统计局数据，2016广东工业机器人产量占全国34.3%，一跃成为全国机器人行业的龙头省份。

广东省机器人企业历年增量分析

广东省机器人企业历年增量分析，如图5-1所示。

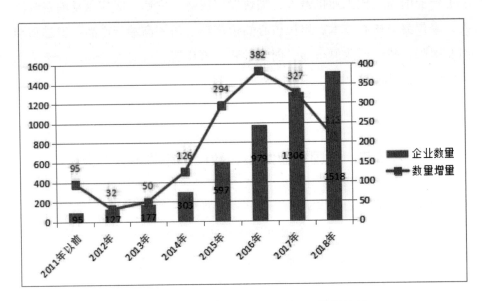

图 5-1　广东省机器人企业数量和增量统计

从数据中可以看到，自2014年开始，机器人企业数量开始明显有大幅度提升，成立于2014年而且健在的企业数量高达126家，增长率71.19%，2015年增长率达到97%，2016年的年增长数量达到最大值382家。而2017年的增长数量为327家，虽然数量巨大，但不及2016年。而到了2018年则增加到1518家，在全国占比超过20%，位居全国第一位。珠江三角洲机器人企业发展势头用汹涌澎湃来形容一点也不为过。

表 5-1　2017年广东省各地市机器人企业数量大排名（年终净化版）

排名	城市	公司数量	区域
1	深圳	641	珠三角
2	东莞	229	珠三角
3	广州	163	珠三角
4	佛山	128	珠三角
5	珠海	42	珠三角
6	中山	38	珠三角
7	江门	16	珠三角
8	惠州	15	珠三角
9	汕头	9	粤东
10	清远	5	粤北
11	揭阳	3	粤东
12	湛江	3	粤西
13	河源	3	粤北
14	肇庆	2	珠三角
15	潮州	2	粤东
16	茂名	2	粤西
17	阳江	2	粤西
18	韶关	2	粤北
19	梅州	1	粤北
20	汕尾	0	粤东
21	云浮	0	粤北

从表5-1可以看到，截止到2017年12月，广东省共有1306家机器人企业。珠三角9座城市中，除肇庆外，其余8市抢占了省内的前8名。而排在第9名的汕头，只有9家企业。从榜单上可以看到东莞、广州、佛山数量都达到百家以上，而深圳市独占641家，占了全省将近过半的企业。东莞超过200家，阵容强大。中山和珠海也表现不俗，有40家，基本是一些中等发达水平省份的省会水平。江门和惠州虽然在珠三角中倒数之列，但也有燎原之势。而粤东、粤西和粤北在全省的机器人产业中则还是一片处女地。

广东省人工智能总体发展实力增强，创新企业规模不断扩大。前瞻产业研究院发布的《2018—2023年中国人工智能趋势前瞻与投资战略规划分析报告》显示，2017年，广东人工智能核心产业规模约260亿元，约占全国1/3，带动机器人及智能装备等相关产业规模超2000亿元，人工智能核心产业及相关产业规模均居全国前列。

随着人工智能进入蓬勃发展期，广东陆续涌现了一大批创新创业企业，初步形成了以腾讯、华为等大型龙头企业为引领，众多中小微企业蓬勃发展的格局。根据前瞻企查猫监测数据，2017年全国新成立3900家人工智能公司，而广东就有1500家。

广州、深圳是广东人工智能的主要集聚地，拥有大疆、柔宇科技、碳云智能、优必选、魅族5家独角兽企业，其中，大疆占全球消费级无人机超过50%的市场份额，2017年营业收入达180亿元。广东人工智能企业融资规模、融资频率均居全国第二，平均单笔融资额超千万美元。

2018年1月，广东省继续出台建设制造强省的政策和措施，加速推进制造业向数字化、网络化、智能化、绿色化发展。8月，广东省经济和信息化委员会公布"实体经济十条"实施一周年战略性新兴产业发展情况：2018年上半年，广东工业机器人产量达13621台（套），同比上涨54.9%，占全国产量22.67%。广东形成广州佛山工业机器人与系统集成、深圳东莞机器人关键零部件配套等多个机器人产业集群，已初步形成从关键零部件到整机和应用，从研发、设计到检测的完整机器人产业链。珠江西岸先进装备制造产业带建设以来，共有335个投资亿元项目新进投产。产业带的科技企业主导和参与制定国际、国家、地方、行业标准共167个，获得国家发明专利授权1.2万件、年

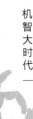

均增长率77%。珠海海工装备、佛山智能制造装备已成为年产值超100亿元的产业集群。2019年1月统计表明，2018年全年广东新增应用机器人2万多台。

数读广东重点机器人企业

1.广州数控——累计销售超过8000台

广州数控设备有限公司成立于1991年，是广东首批高新技术企业，已成功研发搬运、焊接、码垛、打磨、喷涂、并联等六大系列20余种机器人，于2008年开始进入市场，至今累计销售超过8000台。

2.井源机电——拥有两大移动机器人品牌

井源机电公司坐落于国家级新区广州南沙新区，是一家专注于移动机器人、自动化物流、智能装备成套系统的国家高新技术企业。研发出"JYME"和"MAX AGV"移动机器人两大核心品牌，推出激光导航、电磁导航、视觉导航、磁带导航四大系列产品。

3.瑞松科技——制造系列机器人5000多台

瑞松科技位于广州科学城，是一家从事机器人技术应用开发、机器人系统集成、激光应用、焊接自动化高端装备的企业，是广东省自主创新示范企业。自1997年为摩托车行业提供了第一条机器人焊接自动化生产线以来，瑞松科技至今已为制造产业界提供各系列机器人5000多台，承接近千套焊接、激光、搬运、涂装等机器人自动化生产线，成为 2017年广州"独角兽"企业。

4.广州启帆——广东省机器人骨干企业

广州启帆机器人公司位于广州市经济技术开发区，成立于2014年，是国家级高新技术企业、广东省机器人骨干企业、广东省战略性新兴产业骨干企业，一直致力于开发细分行业的专用机器人，已成功地开发出冲压自动化产品线，在华南、西南及华东地区均设生产基地。

5.广州远能——生产AGV机器人

广州远能机器人集团位于广州市花都区，是一家集研发、制造、销售物流自动化设备为一体的专业化公司，是国家级高新技术企业，主攻智能装备、智能物流和智能停车库，是日本住友集团、东风日产公司核心供应商。

6.优必选科技——全球估值最高AI创企

深圳市优必选科技有限公司是一家跨国高科技企业，是商业化智能人形机器人的研发和制造商。研发推出消费级人形机器人Alpha系列、商用服务人形机器人Cruzr和主打STEM教育的Jimu机器人系列。2018年，优必选估值50亿美元，成为全球估值最高的AI创企。

7.固高科技——系列产品填补国内多项空白

固高科技（深圳）有限公司创立于1999年，汇集大批来自美国、欧洲、日本等国家和地区的科技精英，专业从事运动控制产品和光、机、电一体化技术的研究、开发，广泛应用于数控机床、机器人、电子加工和检测设备、激光加工设备、印刷机械、包装机械、服装加工机械、生产自动化等工业控制领域，海外市场延伸到东南亚、欧美等30多个国家和地区。

8.格力智能装备——产出智能装备3200余台（套）

珠海格力智能装备有限公司创办于2013年，研发设计智能装备，产品涵盖工业机器人及集成应用、伺服机械手、数控机床、智能物流与仓储设备、智能检测设备、自动化生产线、服务机器人等10多个领域。目前已累计产出自动化、智能装备3200余台（套），累计销售额8.5亿元。

9.新鹏机器人——国家"863计划"项目承担单位

广东佛山市新鹏机器人技术有限公司成立于2013年，团队骨干成员均来自我国最重要的机器人技术研发基地之一——哈尔滨工业大学机器人研究所。依托佛山市南海区广工大数控装备协同研究院，公司与哈工大、华科大、广工大建立了产学研协作联盟，拥有发明专利45项，专注于工业机器人的研发、制造及应用，是国家"863计划"和发改委智能制造专项项目承担单位、高新技术企业和国家重点项目支持企业。

10.艾乐博机器人——打造锅具全自动化生产线

广东佛山艾乐博机器人公司是一家专注于五金智能制造的高科技企业，多年根植于锅具行业的智能化生产领域中，以开发定制机器人为基础，针对该行业设计研发多条自动化生产线，申请60余项专利。目前，已为美的集团、苏泊尔集团、九阳集团、双喜股份、上海冠华、苏州加益、

宁波华晟、宁波喜尔美、新兴欧亚、新会日兴等国内外知名锅具企业打造高效能全自动生产线。

第三节　建全球价值链链接1.8万元亿产业规模

在北京举行的亚太经合组织（APEC）领导人非正式会议上各国领导人就中方大力推动的实施全球价值链、供应链的领域合作达成广泛共识。各经济体成员国一致同意制定《推动全球价值链发展与合作战略蓝图》，通过《建立APEC供应链联盟倡议》。这推动了亚太地区贸易投资便利化和供应链互联互通，改变原有由发达国家主导的全球贸易格局。经济全球化催生了基于全球价值链的新型国际分工体系的建立和发展。中国依靠丰富的劳动力资源、较强的产业配套和加工制造能力，融入全球价值链，发展成为第二大经济体和世界贸易大国。技术无国界，合作谋共赢。机智新时代催生的机器人产业将成为构建全球价值链的重要一环。

"工业4.0"是由德国政府在《德国2020高技术战略》中所提出的十大未来项目之一，是指利用物联信息系统将生产中的供应、制造、销售信息数据化、智慧化，最后达到快速、有效、个人化的产品供应，目标是提升制造业的智能化水平，建立具有适应性、资源效率及基因工程学的智慧工厂，在商业流程及价值流程中整合客户及商业伙伴。

根据德国版"工业4.0"的描绘，在现代智能机器人、传感器、数据存储和计算能力成熟后，现有工厂将能够通过工业互联网把供应链、生产过程和仓储物流智能连接起来，真正使生产过程全自动化，产品个性化，前端供应链管理、生产计划、后端仓储物流管理智能化。人类从此进入智能制造时代。

在人类发展进程中，已经历三次工业革命，分别是"蒸汽时代""电气时代"和"信息时代"，也分别将生产从1.0带入到了2.0和3.0。"工业4.0"多被业内视为是人类的第四次工业革命，典型特征是工业机器人组成的硬件物理系统和物联网、互联网组成的信息系统融合。在中国迎头赶上第四次工业革命的步伐时，一场工业机器人风暴已经在广东制造业中掀起，并且构筑了机智大时代的发展新蓝图。

作为制造业大省的广东，随着制造业转型升级的不断推进，逐渐成为国内最大的工业机器人生产基地。广东省经济和信息化委员会的数据表明，2018年广东机器人及相关企业已超过1500家，机器人企业数量位居全国第一。当年上半年工业机器人产量达13621台（套），同比增长54.9%，占全国产量22.67%。广东多个城市在机器人产业上不断发力。2018年9月8日，佛山市顺德区政府宣布与碧桂园集团合力打造机器人全产业链高地，计划5年内投入至少800亿元、引进1万名机器人专家及研究人员。东莞松山湖国际机器人产业项目也在当月正式开建，东莞宣布将在2年时间内将其打造成世界级机器人产业园区，容纳和孵化超过100家机器人产业创业团队。

2018年又被称为中国人工智能政策年。人工智能已成为引领科技发展的重要驱动力，全球科技公司纷纷布局人工智能产业，抢占战略高地，中国更将其纳入国家发展战略，各地方政府也不甘落后，纷纷发布人工智能规划。

根据前瞻产业研究院《2018—2023年中国人工智能行业市场前瞻与投资战略规划分析报告》的汇总，仅仅是2018年前3个月，除广东外，还有天津、黑龙江、福建、四川等4个省市发布人工智能规划。加上2017年已发布了政策的省市，截至2018年3月全国已有15个省、自治区、直辖市发布了人工智能规划，其中有12个制定了具体的产业规模发展目标。

表 5-2　2018年以来发布人工智能政策的省市汇总表

时间	省市	人工智能规划
2018 年 8 月	天津	《天津市人工智能科技创新专项行动计划》
2018 年 2 月	黑龙江	《黑龙江省人工智能产业三年专项行动计划（2018—2020 年）》
2018 年 3 月	福建	《关于推动新一代人工智能加快发展实施意见》
2018 年 3 月	四川	《四川省新一代人工智能发展实施方案（2018—2022）征求意见稿》
2018 年 3 月	广东	《广东省新一代人工智能发展规划（2018—2030）征求意见稿》

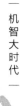

　　另外，还有27个省、自治区、直辖市在"互联网+"规划中提及人工智能、22个省、自治区、直辖市在战略新兴产业规划中设置了"人工智能专项"、19个省、自治区、直辖市在大数据规划中提及人工智能、9个省、自治区、直辖市在科技创新规划中设置了"人工智能章节"，对人工智能产业来说，2017年是国家层面上的政策年，2018年则是地方层面的政策年，在接下来的几个月中，剩下16个尚未有人工智能规划的省、自治区、直辖市也陆续发布。

表 5-3　全国各省、自治区、直辖市涉及人工智能的相关规划汇总表

省、自治区、直辖市	人工智能规划	"互联网+"规划	战略新兴产业规划	大数据规划	科技创新规划
北京	√	√		√	√
天津	√	√	√	√	√
河北		√	√		√
山西		√	√		
内蒙古		√		√	
辽宁	√	√			
吉林	√	√	√		
黑龙江	√	√	√		
上海	√	√	√	√	√
江苏		√	√	√	√
浙江	√	√	√	√	√
安徽	√	√	√	√	
福建	√	√	√		
江西	√			√	
山东		√	√	√	

省、自治区、直辖市	人工智能规划	"互联网+"规划	战略新兴产业规划	大数据规划	科技创新规划
河南		√	√	√	
湖北	√		√	√	√
湖南		√	√	√	
广东	√	√	√	√	√
广西			√		
海南		√		√	
重庆	√	√	√	√	
四川	√	√	√		√
贵州	√	√	√		
云南		√	√		
西藏				√	
陕西		√	√		
甘肃		√			
青海		√			
宁夏		√	√	√	
新疆		√			
合计	15	27	22	19	9

2018年3月26日，广东召开全省科技创新大会，研究部署下一步科技创新工作，《广东省新一代人工智能发展规划（2018—2030年）（征求意见稿）》（以下简称《规划》）以大会材料的形式出现在会场，并提出"成为国际领先的新一代人工智能产业发展典范之都和战略高地"的目标。

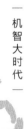

表 5-4　广东人工智能发展规划目标表

规划目标	2020 年	2025 年	2030 年
综合竞争力	国内领先	部分国际领先	总体国际领先
产业核心规模	500 亿元	1500 亿元	——
带动相关产业规模	3000 亿元	1.8 万亿元	——
发展重点	部分领域关键核心技术取得重大突破	人工智能基础理论取得重大突破	人工智能基础层、技术层和应用层实现全链条重大突破
	一批具有地域特色的开放创新平台成为行业标杆	形成一批具有国际竞争力的人工智能创新型产业集群	人工智能产业发展进入全球价值链高端环节

　　广东大力发展人工智能绝不是一时兴起，作为国内人工智能发展前沿阵地，广东省已基本建立起以产业应用为引导、以技术攻关为核心、以基础软硬件为支撑的较为完整的人工智能产业链条，和北京、上海占据着中国人工智能企业总数的85%，并且从专利影响力、企业影响力和融资影响力综合来看，广东省都是排名第二。

　　《规划》对人工智能产业发展提出了"三步走"的发展目标：到2020年，人工智能成为助推广东产业创新发展的重要引擎，形成广东经济新的增长点，核心产业规模突破500亿元，带动相关产业规模达到3000亿元；到2025年，广东人工智能基础理论取得重大突破，部分技术与应用研究达到世界先进水平，产业核心规模突破1500亿元，带动相关产业规模达到1.8万亿元，形成人工智能深度应用发展格局；到2030年，人工智能基础层、技术层和应用层将实现全链条重大突破，总体创新能力处于国际先进水平，聚集一批高水平人才队伍和创新创业团队，人工智能产业发展进入全球价值链高端环节，人工智能产业成为引领国家科技产业创新中心和粤港澳大湾区建设的重要引擎。

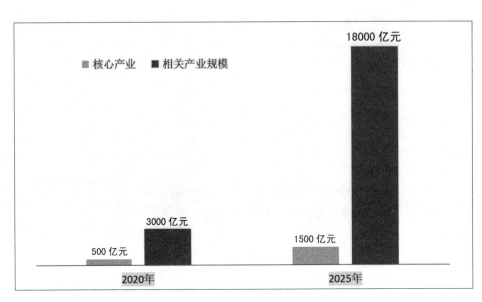

图 5-4 《广东省新一代人工智能发展规划》对产业规模的发展目标

　　《规划》指出，要促进人工智能产业园区蓬勃发展，即应选择人工智能产业发展基础较好、比较优势明显的地市，培育建设一批人工智能产业园区——广州重点建设南沙国际人工智能价值创新园、黄埔智能装备价值创新园、番禺智能网联新能源汽车价值创新园；深圳重点建设龙华人工智能产业核心区、深圳湾科技生态园；珠海重点建设无人船科技港及海上测试场、珠海智慧产业园、国机机器人科技园；东莞重点建设松山湖高新区、滨海湾新区、京东都市人工智能产业新城；佛山重点建设禅南顺创新集聚区；汕尾重点建设汕尾高新区；肇庆重点建设肇庆高新区、肇庆新区等。

　　在加快打造人工智能小镇方面，规划提出，依托国家特色小镇、千企千镇工程、珠三角国家自主创新示范区和广深科技创新走廊建设的重要契机，鼓励各地市结合本地基础和优势，加快人工智能产业应用布局，打造一批人工智能小镇。在智能机器人、智能可穿戴设备、无人机等领域组织实施一批人工智能项目，集聚一批创新型企业和高端创新创业人才，形成良好的人工智能产业生态系统，建设宜居宜业的人工智能产业高地。

表 5-5 《广东省新一代人工智能发展规划》——人工智能产业园规划表

城市	人工智能产业园及重点产业内容
广州	以南沙国际人工智能价值创新园为主要载体，重点开展人工智能核心算法、技术标准和应用规范的研究，建设成为国际人工智能核心技术试验区和人才高地。 以黄埔智能装备价值创新园为主要载体，重点开展装备集成、先进控制器、传感器等智能制造核心部件及工业机器人的技术研发和生产，建设成为全国智能装备关键设备、技术供应和研发创新中心。 以番禺智能网联新能源汽车价值创新园为主要载体，重点推动智联企业关键零部件及整车研发、设计与制造，开展无人驾驶体验，构建具有核心竞争力的整车制造和核心零配件生态产业园
深圳	重点打造龙华人工智能产业核心区，建设智能硬件、智能制造重点实验室，打造人工智能产业核心区。 重点打造深圳湾科技生态园，引入人工智能相关创新平台，在市场拓展、产业生态、产业投资等方面展开合作，构建较为完整的人工智能生态系统
珠海	重点建设无人船科技港及海上测试场，依托相关龙头企业和高校院所等机构，打造无人航运产业集群。 打造珠海智慧产业园，主要发展大数据、人工智能及机器人、云计算等领域。 着力开展产业园建设发展规范及标准研究，推动网络架构、智能电网等基础设施建设，搭建智慧展示中心、数据中心、技术服务平台等公共服务平台，建设成为国家级智慧产业示范园区。 打造国机机器人科技园，建设机器人全产业链汇聚基地、智能装备创新工场、国机机器人研究院、投融资服务平台等载体

城市	人工智能产业园及重点产业内容
东莞	以松山湖高新区为主要载体，重点发展运动控制部件、应用与3C产业的专用机器人、智能服务机器人等。 以滨海湾新区为主要载体，推进紫光新云产业城、AI+未来产业园等建设，重点发展5G通信、云计算、物联网、SSD固态硬盘、智能汽车芯片研发及应用、人工智能等，打造智能制造总部基地、无人系统工程技术研发中心、无人系统智慧物流载体和科技金融服务平台
佛山	以禅南顺创新集聚区为载体，重点发展智能机器人、"互联网+"智能制造等领域，加快深度学习、跨媒体感知、神经网络等人工智能技术应用，提升工业机器人智能化水平
汕尾	以汕尾高新区为主要载体，重点发展可穿戴机器人、人脸识别与声控等智能家居系统、新能源汽车关键零部件及整车研发与设计制造，加快推进人工智能技术应用，提高智慧园区建设水平
肇庆	以肇庆高新区、肇庆新区为主要载体，重点发展智能网联新能源汽车整车研发、设计与制造及关键零部件，打造具有核心竞争力的智能网联新能源汽车产业园

表5-6 《广东省新一代人工智能发展规划》——人工智能小镇规划

城市—人工智能小镇	建设规划
广州"互联网+"小镇	推进人工智能相关技术与产业深度融合，培育创新型互联网企业，大力发展互联网新技术、新产品、新模式、新业态，打造集产业链、投资链、创新链、人才链、服务链于一体的创新创业生态体系，推动互联网经济快速发展

续表

城市—人工智能小镇	建设规划
深圳人工智能机器人小镇	深化智慧平安绿色港区建设，选择优秀的、有开发能力的团队入驻小镇。根据市场需求研发智能机器人，着力开发老年人或失能人群生活服务机器人。推动小镇模式先行先试，成熟后再推广到其他地区
河源人工智能小镇	重点开展"互联网+"智慧教育应用合作，在智能化、信息化生态环境中构建以学习者为中心的教与学新模式。开展"大数据+"智慧城市服务应用合作，建立城市大数据平台，实现城市管理网格化，打造智慧型平安城市。建立"人工智能+"区域医疗大数据，推动智能语音技术在河源区域医疗中的应用，提升基层智慧医疗服务能力
东莞人工智能小镇	打造人工智能+创新产城社区，建设国内领先的工业互联与智能制造示范平台。重点引入人工智能核心产业、衍生产业以及生活配套产业，推动产城融合，打造集工作、消费、生活于一体的24小时活力社区
东莞中堂智能科技特色小镇	以穗莞深城轨中堂TOD轨道经济开发区、槎滘片区智能装备产业园为主要载体，探索打造智能科技特色小镇。以智能终端、智能装备、智能环保、现代都市农业等产业为重点，开展精准招商，建成集智能产业创新、智能创造以及企业创新服务为一体的科技园区
东莞港口物流小镇	围绕港口作业生态，实施智慧理货、无人吊装、智慧闸口、无人驾驶等系统。不断丰富类脑智慧港口系统，降低港口运营管理和物流成本。完善装卸储运、物流中心、临港产业、区港联动、休闲旅游等功能，着力打造功能齐全、产业聚集的大型现代综合性港口园区

　　2019年1月10日，哈尔滨工业大学机器人研究所所长赵杰教授在中国机器人行业年会发言中指出，如果说2018年是机器人产业政策年的话，那

么2019年将是机器人产业转型年。我国机器人行业将面临由虚向实、由量向质和由泛向专三个比较大的转变。从2013年至2017年，我国机器人产业迎来高速发展期，产业规模开始不断扩大，平均规模增速超过15%，平均增长率高达30%。根据中国电子学会发布的《中国机器人产业发展报告（2018）》显示，中国的工业机器人市场已超出全球市场份额的1/3，2018年我国机器人市场规模达到84.7亿美元，连续六年成为全球第一大应用市场。

中国科学院院士丁汉教授认为，机器人目前最大的工作场景还是在焊接、码垛、喷漆方面。随着机器人应用的范围不断拓展，机器人应用的领域也在不断拓展。"机器人加工是未来重要发展方向之一。在我国航空航天、能源与交通等领域，部分高品质制造目前由人工在做。机器人的灵活度和协调能力都比较强，是大型加工的必要手段，比如风电、航空发动机叶片等，相信机器人行业未来5至10年一定会有大幅度的增长。"

目前以园区和龙头企业为依托推动形成的产业集聚，已成为我国机器人产业发展的一项重要特征，产业集聚为行业规范发展和企业生存竞争提供了良好环境。国内各地政府一直在围绕本体制造、系统集成、零部件生产等机器人产业链核心环节，主导建设各具特色、优势互补的机器人产业园区与特色小镇，2019年这一进程将进一步加快，产业集聚现象也会越发明显。

2019年1月16日，粤港澳大湾区智能制造产业峰会在广东省河源市盛大启幕。机器人产业是这个时代创新最活跃、辐射最广泛、发展最迅速的科技前沿领域，市场呈现爆发式增长的趋势，又赶上粤港澳大湾区建设的战略风口，粤港澳三地将联通技术、市场、教育等资源，打通科技成果转化渠道，推动粤港澳大湾区机器人产业提升发展。

2019年1月28日上午，广东省十三届人大二次会议开幕，省长马兴瑞所作的政府工作报告为广东描绘了全新的发展蓝图，2019年广东地区生产总值目标增长6%—6.5%，突破10万亿元大关。报告还提出广东要坚持创新是第一动力，加快科技创新强省建设，推动服务机器人的发展。这为广东的机器人产业提出了新的发展路径，而这样的发展思路也契合机器人产业

转型年之论断。

新思想、新路径、新发展、新举措、新谋略为广东国机器人产业注入强大的动能。

2019年5月8日，2019广东国际机器人及智能装备博览会（以下简称"智博会"）在东莞市厚街镇广东现代国际展览中心开幕。省政府副秘书长任小铁，东莞市委书记、市人大常委会主任梁维东，东莞市委副书记、市长肖亚非，中国机械工业联合会执行副会长、中国机器人产业联盟秘书长宋晓刚，省工业和信息化厅巡视员李向明等出席开馆仪式。本届智博会围绕粤港澳大湾区智能装备产业发展，设立包括机器人及自动化专区、工程塑料区、刀具馆、3D打印展区、DMP五金展区、中国台湾馆、韩国机器人协会展区等8个专业展区，共有参展企业882家，展位2380个，展览面积达5万平方米，有超过8万观众入场参观。

2019年5月，佛山市顺德区在佛山新城中欧中心举办"智聚顺德·筑梦未来"2019年机器人行业论坛暨中高端人才交流会，以论坛和专场结合的形式吸引高端专业人才走进顺德，助力顺德机器人产业高质量发展。

2019年6月，"广东自动化展"在佛山潭洲国际会展中心（北滘）隆重举行。

活力无限，生机无限。推动机器人产业新一轮大发展，广东这边风景独好！

第六章

格局：全球最大机器人超市

惟机器人是人类的工具，而不是来取代人类的。在融入到我们生活的过程中，如何将它们应用在帮助人上，而不必让人类为了适应其而改变环境，这就是我们面临的挑战。

—— 新加坡国立大学机械工程系统终身教授　马塞洛·H.昂

机器人被称为"制造业皇冠顶端的明珠"，其研发、制造、应用是衡量一个国家科技创新和高端制造业水平的重要标志。佛山以及广东要实现制造业的突破，"机器人+智能控制"就是一个很重要的突破点。

——中国工程院院长　周济

第一节　佛山新城创建中德工业服务区

东方风来满眼春，佛山新城岭南风。桃红柳绿，云白天蓝，成群的鸟儿在空中飞过，沁人的花香芬芳弥漫，露天泳场、儿童乐园、龙舟广场和正在兴建中的佛山大剧院在丽日春阳的映照下构筑成一幅幅美妙的新画卷，一河两岸的新城中心城区靓丽多彩，生机勃发。东平河畔活力无限，浸润德国汉诺威基因的潭洲国际会展中心拔地而起，二期及配套项目正在如火如荼地建设。因创建全球最大机器人超市的中德工业服务区正崛起的万亩智能制造创新示范园中，美的库卡智能制造产业基地、世界级无人机创新项目正在热火朝天地施工建设。揭开全球最大机器人超市的面纱，中德工业服务区赋予机智大时代巨大的能量。

己亥猪年新春刚至，一汽大众2019年1月的销量便迎来开门红，以销售196946辆（包含奥迪进口车）的成绩位列各乘用车企首位。回顾刚过去的2018年，在汽车市场风云变幻的形势下，一汽大众以突破205万辆的销售成绩，不仅经受住了市场的考验，而且创造了属于他们的辉煌。

一汽大众创造的汽车销售佳话，离不开深厚的制造根基，更离不开智能机器人的智能运用。2018年6月22日，一汽大众位于广东佛山南海的"超级工厂"——华南基地正式建成投产，其冲压车间自动化率达到100%，而焊装车间的主要劳动力就是914台焊接机器人，还有53台AGV移动小车用于自动运输零部件。

这些AGV移动小车遇到参观者乘坐的参观车会自动回避，智能化程度相当高。而在总装车间，橙色的库卡机器人随处可见，他们挥舞着手臂为一辆橙色的T-ROC探歌完成车身和底盘的组合，未来还将有奥迪品牌SUV在这里下线。

正是机器人的大范围应用，为一汽大众佛山工厂实现了每小时60辆的生产节拍，意味着每1分钟就有1辆新车下线。机器人带来的利好刮起一阵旋风，也让超级房地产巨头碧桂园高调跨界布局机器人产业。

2019年1月，碧桂园董事会主席杨国强在2019年年度会议特别提出，碧桂园未来的重点有三个，即地产、农业和机器人，未来碧桂园"要朝着一个高科技企业去做"，将农业、机器人和目前的地产主业并列。

无论是南海的一汽大众华南基地，还是顺德碧桂园，这些来自不同行业的巨头都在机器人身上看到了未来的曙光。时光没有忘记，让佛企借机器人建成智能产业链实现高质量发展，离不开全球最大的机器人超市——广东智能制造示范中心这一重要平台。

让时光回到16年前的2003年9月，佛山市委、市政府出于加快佛山城市化建设，实施佛山现代化大城市发展战略的重大举措的考量，做出了一个非常果断而超前的决定：全力推进佛山市中心组团新城区——佛山新城（又称"东平新城"）的建设。

佛山新城位于佛山市中心组团东南部，跨越佛山市禅城和顺德两区，范围为佛山大道以东、同济路以南、南海大道（华阳路）以西、荷岳路以北区域，总规划面积为43.3平方公里。

新城自2003年开始启动建设，到2006年11月广东省运会召开之前，实现了"道路畅通、水清园城、树绿灯红、场馆开放、新城初现"的第一阶段目标。2007年，佛山新城以提升定位、核定机构和确定新目标为发展主题，以"强心""强核"，5年新城初现、10年基本建成为战略目标，组建东平新城建设管理委员会，大力推进招商引资，采取"南延、北连、东拓、西优"和"市级公共服务功能定位并以此为新城建设的牵引力"战略。

建设发达的路网是推进佛山新城的首要任务。佛山新城北依禅桂，南联大良组团，东承广州，西启江肇，以佛山一环为纽带，地域上居于多个行政区的交界处。在广佛都市圈现已形成的一条广州开发区——广州老城区——佛山大沥组团——狮山组团——西南组团——大西南的发展"黄金轴"。优化佛山新城的佛山首条过江隧道——"东平隧道"于2017年年初实现正式通车，东平大桥、澜石大桥、华阳大桥让佛山新城和北滘、陈村、禅城、桂城等中心城区实现无缝连接，有超过12条公交线路通往禅城、南海、顺德各区，同时设置了通往南海、顺德、高明、三水的城巴线；建立与周边城市深圳、珠海、中山和江门连接的客运线路。经过整体规划，佛山新城已开通广佛1号线、佛山3号线、佛山6号线等3条地铁，从广州海珠到佛山新城约需50分钟，不换乘可以直达。佛山新城还拥有1个大型交通枢纽——东平站，3条地铁线以及2条城轨将在这里实现换乘。新城还规划建设了广佛江珠轻轨、广佛环线城轨等2条城轨。广佛江珠轻轨建成

后，从东平新城站出发，到江门市区仅需30分钟，到珠海市区仅需1小时。

2007年4月16日，佛山市政府常务会议讨论通过将佛山市中心组团新城区改名为佛山市东平新城。2008年，为加快实施广佛同城战略，佛山市政府又进一步作出东平新城"南延东拓"的决定，佛山新城总规划面积拓展到88.6平方公里，其中北片区位于禅城区，面积26.5平方公里；南片区位于顺德区，面积62.1平方公里。东平新城经南延东拓后的总规划范围是：东部从规划南海大道延伸线拓展至北滘镇环镇西路，南部从三乐路拓展至佛山一环南线及东延线，北部以禅城区的同济路为界，西部以325国道为界。

梧桐引凤，凤舞九天。2011年3月，时任广东省委书记的汪洋率团赴德国考察，专程拜访了德国弗劳恩霍夫应用研究促进协会。弗劳恩霍夫协会是以德国科学家、发明家和企业家约瑟夫·弗劳恩霍夫的名字命名的研究机构，成立于1949年3月26日，总部位于德国慕尼黑，在德国拥有69个研究机构，员工近3万人，在全球最具创新力政府研究机构25强榜单中名列三甲。经过沟通，该协会与广东省达成了合作意向。2011年11月，广东省与弗劳恩霍夫协会签订了战略合作框架协议，主要以项目科研合作为基础，通过与德国先进技术的合作推动广东产业转型升级。弗劳恩霍夫产业应用促进协会是欧洲最大的应用研究机构，主要服务于德国的中小企业。由于佛山中小企业众多，产业升级、创新能力升级需要德国先进的发展理念和技术支撑，佛山市委、市政府对这次机会高度重视，由时任佛山市市长刘悦伦拜访了弗劳恩霍夫协会。双方均表达了友好合作的良好愿望。此后，佛山市委、市政府将佛山新城确定为与德国合作的主要载体。

2012年年初，在广东省委第十一次代表大会上，时任广东省委书记汪洋在报告中特别提出，要坚持科学开发，从容建设，高水平打造广州南沙、深圳前海、珠海横琴以及广州中新知识城、佛山中德工业服务区、东莞台湾高科技园等重大合作平台。"佛山中德工业服务区"作为珠江三角洲乃至整个广东省首个牵手欧洲的科技合作平台，被写入省党代会报告中。

"中德工业服务区"旨在为实力雄厚的"佛山制造"再加分，为短腿的"生产性服务业"补上强链。佛山新城选择产业链条的高端作为突破口，明确了佛山新城在城市产业版图中的强中心地位。站在全省角度，佛山通过中德再拓展到中欧合作，产业转型升级找到新的突破口，而这一平台还将辐射到整个广东制造，将给一直以与日资等企业合作为主导的广东制造注入新的活力，广东制造在国际的话语空间将得到拓宽。

随着中德乃至中欧合作升级，中国看广东，广东看佛山。从产业支撑上，作为佛山强中心的佛山新城必须定位高端，将先以中德合作为契机，再拓展与产业链高端达到国际先进水平的国家如意大利、法国合作，将其研发、设计、创新、创意的优势吸收过来，实现新一轮的产业"质变式"的转型升级。从广东省战略布局上看，广州中新知识城、佛山中德工业服务区、东莞台湾高科技园等重大合作平台各有侧重，互为补充。中德合作，对广东省而言是一个新尝试，广东制造与国际科技对接的新模式由此开启，开创与占据国际制造领先地位的欧洲科技合作的新篇章。

第二节　佛山：创建全球最大机器人超市

肇迹于晋，得名于唐，有1392年悠久历史，有中国重要的制造业基地、国家历史文化名城、珠三角地区西翼经贸中心和综合交通枢纽称誉的佛山市，曾以"四大名镇"和"四大聚"名满天下，以陶瓷、纺织、铸造、医药四大行业鼎盛南国，创办了中国第一家新式缫丝厂和第一家火柴厂，成为我国近代民族工业的发源地。春满神州，风起岭南，在改革开放的时代洪流中，佛山勇立潮头，勤劳重信，敢为人先，求真务实，开放包容，拼搏奋进，发展实业，从而崛起成为全国乃至全球重要的制造业基地。在机智大时代浪潮下，善于把握先机的佛山又一次打出了智能制造的王牌。

创建全球最大机器人超市是佛山中德工业服务区的大手笔之作。

2015年9月7日，广东智能制造示范中心在佛山中德工业服务区揭开神秘面纱。示范中心坐落在佛山新城中欧中心，首期选址位于E栋首层及二

层，面积共约1万平方米，开展机器人展示、应用及培训等业务，以"机器人大世界"为展馆主题，主要包括智能制造与智慧工厂、工业机器人、"互联网+"机器人、自动化与你、家用机器人体验馆、机器人大课堂六大主题，从线上到线下、从工业到家用、从展示销售到培训教育一应俱全；示范中心将结合佛山产业基础，充分发挥工业服务作用，大力推动机器人在生产制造领域的创新与应用，打造智能生产与智能生活。

会聊天的机器娃娃、会跳舞的机器狗、会打乒乓球的"机器运动员"、会绘画的"机器画家"……广东智能制造示范中心开放的首日，参展机器人企业纷纷亮出自己的拿手产品，让普通百姓领略到高科技智能产品的时尚与现代感。

"你好，我叫旺宝，我能和你拍张照吗？记得搂住我的小蛮腰哦！"市民现场体验人机互动带来的巨大乐趣。

一台苏州科沃斯机器人有限公司的家用机器人成为市民眼中的"小明星"。"萌萌的声音，让人忍不住多和她聊几句。"于小姐说。

除了会聊天的机器人，在示范中心的咖啡厅里，一款送餐机器人也备受瞩目。笔者在现场看到，这款送餐机器人不仅行走自如，而且还服从指挥。据介绍，这款机器人如果快没电了，还能通过自动感知自行前去充电站充电，充电一次大约可以工作4小时。品完送餐机器人送上的咖啡，耳边响起久违的《江南style》旋律：只见一只机器狗正在舞台上跳着骑马舞。据工作人员介绍，这只会跳舞的机器狗来自德国。

在体验中心，最吸引儿童的是利用乐高器材搭建的智能工厂流水线。据介绍，此流水线采用标准模块设计方式，制作出一个个传送装置，将小球从一个装置运送到另外一个装置，让体验者真真切切地体验到自动化生产、工业流水线等专业名词。体验者还可以亲自动手堆砌乐高，从而进一步了解机器人的世界。

2015年9月10日—13日，中国（广东）国际"互联网+"博览会暨第二届世界机器人及智能装备产业大会博览会在佛山新城中德工业服务区广东智能制造示范中心盛大举行。参展企业和品牌涵盖全球机器人"四大家族"的ABB、库卡、安川和发那科，还吸引了中国智能装备产业联盟超

100家的会员企业和沈阳新松、广州数控、海克斯、嘉腾、鼎峰等国内100多家机器人及智能装备供应商企业参加。

针对佛山制造业的特点，不少机器人公司现场展示了冲压、注塑、焊接及打磨机械手等功能，还有许多机器人的设计应用在家电、汽车、物流、五金、塑料等行业，并可以为华南地区制造业提供完整专业的自动化系统解决方案。在"自动化与你"的展区，专业展示了广东智造相关的工业机器人应用案例，已进驻的企业都是珠三角及长三角的优秀机器人集成商，其中安徽埃夫特智能装备有限公司还展示了自动喷涂的机器人。该公司将佛山作为开拓华南市场的第一站，此前已与东鹏陶瓷等卫浴企业合作，同时也向美的集团供应了50多台搬运机器人。

来自佛山本土的企业利迅达系统有限公司的展区展示了对吉他等精细乐器的打磨工艺，同时他们也展示了如何用机械手解决焊接水龙头侧面管与主面管交接位置的难题。在合耕科技的展馆，广东华南计算技术研究所所长陈冰冰展示了荷兰PLCopen国际工业控制技术标准化组织的技术培训服务，在场的所有机器人运行的标准都是来自该组织，他们将围绕制造业转型升级形成智慧工厂进行解决方案的"全链条"式服务，并开展从企业负责人到员工的培训服务。

"目前国内机器人产业的发展还是沿袭着招商引资、建生产基地的传统路径，我们希望首先在佛山新城寻求突破，在这里建立机器人产业的运营和研发总部。"国际机器人及智能装备产业联盟首席执行官罗军介绍，机器人超市除了有展览展示的功能外，还将与本地企业的应用服务需求相结合，建立起应用中心和在线服务平台；同时与创客培育相结合，成立机器人中高端产业培育机构，助力孵化一批机器人小微企业。

"除了打造线下的平台，机器人大世界还将成为全球唯一的机器人大超市，除了提供几乎所有国内外品牌品种机器人线上线下销售、维修、保养、零部件供应，还将启动线上咨询与技术服务。"佛山新城管委会副主任黄海说："企业在这里可以找到整个厂几十个供需的智能化改造，不再是零散的，也不需要企业一个个机器人企业跑，从焊接到拼装到售后服务，全产业链推动企业智能升级，同时老板和员工都可以在这里接受培

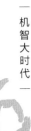

训。"

中德工业服务区智能制造产业发展高级顾问黎广信说："我们将打造一个全球独一无二的O2O（线上到线下）机器人服务大平台。未来在这平台上，可以购买到所有主流企业的机器人，包括商用的服务机器人，我们还考虑搭建一个二手机器人的大市场，利用融资租赁的形式助推中小企业的机器人应用。"

"中德工业服务区的功能定位，不仅仅将会展业作为发展方向，还要致力于为佛山企业智造升级做好服务，让市民及各方人士都感受到，机器人是应用在生产生活各个方面的。"顺德区委副书记、中德工业服务区管委会主任刘怡说，第二期几万平方米的范围将集中机器人研发等环节，更多的延伸产业也将随着机器人企业的落户而生根开花。此外，示范中心内设金、科、产深度融合的众筹众创服务平台，促进产业转型、科技创新和金融配套的深度融合，为机器人产业提供孵化服务和众创空间。

2017年10月12日，全国首个机器人学院——佛山中德机器人学院也在中德工业服务区成功开业并正式对外运营。这是德国汉诺威机器人学院唯一的品牌海外授权使用机构。

汉诺威机器人学院成立于2009年，是全球首个机器人、自动化和"工业4.0"学院，依托有70年历史的汉诺威工博会而生，每年举行200多场技术交流讲座，是工博会一个"永不落幕的展厅"。顺德区政府的多次接洽，最终促成汉诺威机器人学院项目在中国的落地。由中方投资建设硬件设施，汉诺威机器人学院以品牌许可加运营管理的方式与中方进行合作。在运营模式上，佛山参照了德国汉诺威机器人学院的模式，但业务领域板块会更多。未来主要打造三个重点平台：第一是"中国制造2025"对接"德国工业4.0"示范平台；第二是机器人产业生态圈引领平台；第三是珠三角传统产业转型升级创新服务平台。

具体业务方向的确立，一是全面借鉴汉诺威机器人学院的传统业务，二是依据佛山顺德区域发展战略及地方实际需求情况。目前，佛山机器人学院考虑逐步发展六大业务，包括展贸业务、示范线即自动化解决方案推广业务、会议及活动业务、培训业务、后机器人服务业务、投融资业务。

笔者踏进佛山机器人学院展示厅，一条U形生产线抢占了视野的最佳"C位"。该生产线就是首条"中德合作工业4.0"示范生产线，被命名为"可录音U盘的工业4.0之旅"。

很难想象，小小的一条U盘生产线，瞬间引起了众多到场企业的兴趣。现场来访者在入口处的显示屏上签下自己的名字，确认下单后，产品的颜色、形状等信息马上通过云平台传到工厂内部。到了生产环节，运送材料靠AGV小车，抓取材料、整理入库靠机械臂……整个过程不过两三分钟，机器人们便将一个精致的定制U盘交到了你手中，企业家们若有所思地对比起自家的制造效率。

"这条线主要是想展示工业4.0的理念，并不在于它到底生产什么产品，因为里面涉及的核心技术、生产单元等，都可以复制到各个行业的工业生产中。"佛山机器人学院总经理魏巍一语中的，别看只是生产U盘，云平台、VR虚拟现实、3D打印等技术都在示范线中进行了展示，而这些技术其实都可以运用到工业生产中，即使是某个环节的"照搬"也能为本地企业带来更高的生产效率。

除了"中德工业4.0"生产线外，佛山机器人学院还展示了不同品类的机器人及其解决方案。这些形态各异的机器人都来自目前已进驻学院的企业或科研机构。到2017年9月，学院有21家单位入驻，其中13家来自欧洲，8家来自国内。

作为德国汉诺威展会最大的合作伙伴之一，菲尼克斯电气近年来不断加大与中国市场的对接力度。公司中国区总裁顾建党直言，佛山走在了广东乃至全国制造业的前沿，公司希望通过进驻佛山机器人学院，扎根在智能制造的高地。

2017年4月，德国亚琛工业大学与顺德职业技术学院签约，联手共建"广东－亚琛工业4.0应用研究中心"，推动顺德未来装备制造产业、智能制造与工业机器人产业、工厂自动化与智慧工厂等产业升级与发展。该中心德方项目专家Quoc Hao Ngo表示，研究中心建成后会根据不同企业实际生产的情况来进行技术的定制，从而服务企业的利益。"工业4.0其实是一个非常广的概念，从最小的企业到最大的企业，它有不同的解决方

机智大时代

案。"Quoc Hao Ngo说，即使面对本地生产设备非常落后的中小企业，研究中心也都可以用一些非常廉价的方式帮助他们实现"工业4.0"。

佛山市顺德区连续多年蝉联全国百强区榜首，2018年还首获全国绿色发展百强区第一名。2017年顺德全年实现地区生产总值3080亿元，增长8.5%，成为佛山首个跻身中国县域经济3000亿元的市辖区，拥有美的、格兰仕、碧桂园、海信科龙、万和、联塑等一批知名企业。顺德机器人协会的调查显示，据不完全统计，2015—2017年顺德区企业每年需要购买工业机器人超过1000台，且以年均30%的速度增长。仅2016年，顺德便新增70家规模以上工业企业开展"机器换人"，全区企业开展的重点智能制造项目超过180项，投入近652亿元。其中，美的集团投入40亿元建成全智能工厂；海信科龙电器股份有限公司计划未来3年投资5亿元进行智慧绿色工厂改造；格兰仕集团斥资30亿元进行自动化工厂升级；万和新电气股份有限公司计划投入1.5亿元实施"万和新电气燃热、供暖产品数字化制造示范项目"；新宝电器股份有限公司计划投入5.5亿元实施"智能家居电器及健康美容电器项目"；富华机械集团、星徽精密制造股份有限公司等也大力推进机器人的应用。

佛山中德工业服务区管理委员会副主任朱锡雄认为，抓住"中国制造2025"与"德国工业4.0"战略实施的机遇是中德工业服务区快速发展的另一个不可或缺的条件。佛山市顺德区企业以传统制造为主，随着发展必然面临转型升级，非常需要工业服务链条的前端后端，如今这个大规模智能化改造的爆发点已经来临。

第三节 中德携手赋能粤欧智造范本

制造兴市，产业报国。敢为人先、敢为天下先的佛山，在新时代的号角召唤下，树立了全新的发展目标：建设面向全球的国家制造业创新中心、建设具有全国影响力的制造业转型升级示范城市，建设宜居宜业宜创新的高品质现代化国际化大城市，建设更具品质的文化导向型城市，建设更高质量的民生幸福城市。太平世界，环球同此凉热。挺起大湾区制造脊梁的佛山把发展人工智能作为重要抓手，把国际化合作作为重要发展路径。中国与德国携手赋能粤欧智造正在佛山大地上书写精彩而动人的全新范本。

2019年4月28日，全球瞩目的第二届"一带一路"国际合作高峰论坛在北京降下帷幕，沿着"一带一路"推进新一轮发展正成为全球的热点。"一带一路"倡议自2013年提出以来，得到全球150多个国家和国际组织的积极响应。作为中国制造业大市的佛山积极融入这一改变世界的伟大宏图。佛山市委书记鲁毅指出："面向全球，要树立佛山的雄心壮志，引导和鼓励企业坚定国际化经营的决心，提振对标追赶行业国际巨头的信心，树立实业报国的雄心，紧盯科技创新团队、高端人才、先进技术、优质品牌和现代管理理念，精准发力，蹄疾步稳，在国际产业协作中配置创新资源。"打造面向全球的国家制造业创新中心，推动经济社会高质量发展——正是在这样发展理念的指引下，佛山市探索出了一条"世界科技+智能智造+全球市场"的发展新路径，佛山中德工业服务区正是实践的范本。

正在"一带一路"国际合作高峰论坛在北京举行之时，广东佛山市在佛山中德工业服务区成功举办了"2019中国（佛山）国际陶瓷与卫浴产品展览会"，来自印尼、意大利、马来西亚等"一带一路"沿线采购商500多人聚首佛山，共商经贸合作大计。

从佛山新城脱胎而出的中德工业服务区已成为广东省重大的合作平台，中德两国在经济结构转型升级领域的合作项目，聚焦发展高端工业服务业，打造国际化产业服务中心。其显著的国际化特征将在推动全国制造业创新中心、科技佛山及"三龙湾"高端创新集聚区中发挥重大作用。依托中德工业服务区，顺德发起组建中德工业城市联盟，三赴德国参展，面向全球进行推介路演，引来汉诺威会展等大项目落地；美的、万和、星徽精密、大自然家居等龙头企业大举并购欧洲制造名企，谋求抢占技术、市场的制高点。所有的这些都高度契合了佛山市、珠三角地区当前产业转型升级的需求。

2018年1月16日，在佛山市十五届人大三次会议上，"一环创新圈"战略规划对外发布。规划提出在毗邻广州南站的接壤区域禅城、南海、顺德，以超前理念、高起点规划、高标准建设"三龙湾"高端创新集聚区，打造佛山创新龙头和创新极核。随后在佛山市召开的全市全面深化改革工作会议上，"三龙湾"综合规划初步思路在会上首次对外发布。在"一芯、一轴、三廊、双核"的总体空间结构中，位于核心区的中德工业服务区迎来再出发的重大机遇。

按照佛山市两大发展规划，作为"一环创新圈"的极核，"三龙湾"高端创新集聚区总面积达93平方公里，其中"三龙湾"顺德园有60多平方公里。商贸重镇顺德区乐从镇将加快布局生物医药、智能制造等战略新兴产业；拥有美的、碧桂园两家世界500强企业的顺德区北滘镇将发力打造"智能制造+智慧家居"的国家级特色小镇；素有"千年花乡"美誉的特色小镇顺德区陈村镇，则将迎来重构城市空间、产业布局和生态环境的战略机遇期。

2018年1月17日，就在"三龙湾"综合规划初步思路对外公布的第2天，德国弗劳恩霍夫协会与佛山机器人学院战略合作项目正式启动，弗劳恩霍夫协会工业自动化研究所（IFF）在佛山建立代表处，并组织专家深入佛山智造企业开展调研诊断，引进德国先进的工业技术和设备，壮大佛山制造业实力，为佛山、全省乃至全国制造业转型升级提供技术支持。

"佛山与德国具备深入合作的先决条件。"弗劳恩霍夫协会工业自动化研究所（IFF）所长夏埃尔·先科教授高兴地说，佛山有着较好的中德合作基础，也是彼此重要的贸易伙伴；佛山制造业发展层次高、领域丰富，与国际交流合作的准备基础较为充分。在德国乃至欧洲，弗劳恩霍夫协会被誉为应用科学的"最强大脑"。作为欧洲权威应用科学研究机构，德国弗劳恩霍夫协会拥有诸多实力强劲的科研力量——80余家研究所及超过2.5万名科研人员及工程师。"佛山智造"植入欧洲"最强大脑"，为中德工业服务区推动"三龙湾"高端创新集聚区建设打开了全新的智造空间。

"以德为友，中国制造的'量'牵手德国制造的'质'，是中德工业服务区的历史使命和路径选择。"中德工业服务区管委会负责人表示，在全球，德国可能是最擅长工业领域的国家之一，是佛山制造业升级转型最好的老师。佛山的产业升级，根本的方向不是"去二进三"，而是如何把"二"做好，做出全球竞争力，这既需要提升其工业的技术含量，同时也必然包括提升其工业的制造工艺水准，而德国最擅长干这个。

2018年3月28日，规模达到世界顶级的智能制造项目——广东省智能制造创新示范园在佛山市顺德区北滘镇启动。创新示范园位于广东（潭州）国际会展中心南侧地块，园区总占地面积10000亩，规划为五大功能片区，包括智能制造核心启动园区3000亩、智能智造拓展片区2000亩、会展核心区2000亩、国际社区2000亩、人才小镇1000亩。

创新示范园启动之初，已成功引入美的库卡智能制造产业基地、世界级无人机创新项目、广东（潭州）国际会展中心、佛山机器人学院、弗劳恩霍夫协会自动化研究所（IFF）、亚琛工业大学机床实验室、广州大学城卫星城等重量级项目。德国机器人巨头库卡集团与广东美的集团合作，新公司成立后，美的与库卡将各自持股50%。美的向库卡中国下属业务注资，共同成立3家合资公司，将在佛山顺德科技园新建生产基地，生产6轴机器人、平面关节机器人、并联机器人、AGV、直角坐标机器人等机器人本体，并开展行业机器人集成运用系统的研发和制造。该基地到2024年机器人产能达到每年75000台，以拓展工业机器人、医疗、仓储自动化三大领域的业务，顺应中国市场在智能制造、智能医疗、智能物流以及新零售等方面的高速发展需求。

在此基础上，示范创新园将重点打造智能制造核心区，主攻发展工业机器人、服务机器人和无人机等产业，引进全球领先的机器人龙头库卡集团及其上下游合作伙伴25—40家企业集聚顺德，引入机器人上下游的研发设计、零部件制造、系统集成、创业孵化、检测、培训、市场对接、科技金融等企业，形成具有国际竞争力的机器人全产业链条，最终目标是要打造具有全球影响力的智能制造产业集聚区，打造千亿级产业集群。

顺德区经济与科技促进局副局长赵松顺指出，示范园将在世界顶级机器人项目、无人机项目的带动下，以智造基地、会展中心、创新平台、高端人才为推手，建设国际机器人智造新城、国家社区和人才小镇，打造

国际机器人产业生态圈、大湾区工业展览中心和佛山中欧城市化合作示范点，成为粤港澳大湾区融智能制造创新孵化、专业展览、智慧社区为一体的"产城人"融合示范园区，成为实现佛山市"全国制造业创新核心城市"发展目标的创新集聚地。

佛山市市长朱伟认为，万亩智能制造创新示范园还要向东西部拓展，面向国内国际大力引进一批新兴产业，形成聚集发展，真正让园区显示出示范意义。

打造"三龙湾"高端创新集聚区，中德工业服务区强大的辐射作用将释放到乐从生物医药产业园、北滘军民融合产业示范园、乐从上华智能智造产业园、龙江朝阳开发区、陈村莱茵工业园等载体，协同创新发展前景令人振奋。

志合者，不以山海为远。2018年12月6日，德国总统施泰因迈尔亲临佛山市，参加了在中德工业服务区佛山机器人学院举行的数字化与经济圆桌会议，详细了解中国数字化经济发展情况及对经济、社会产生的影响。他还参观了佛山机器人学院展厅中的"可录音U盘的工业4.0之旅"智能制造示范线和美的库卡展台，并特意在智能制造示范线旁留影。

12月12日，在佛山又举办了以"智能抓取系统用于智慧生产"为主题的自动化技术交流会，与会专家都来自德国。佛山机器人学院首席执行官魏巍表示，这是佛山机器人学院近期举办的又一场智能制造研讨会。而此前，魏德米勒、伦茨、浩亭等德国"隐形冠军"企业以佛山机器人学院为跳板，已先后落户佛山，为佛山传统企业制造升级智造赋能。起步就与世界同步，紧盯前沿科技和领域，中德工业服务区正在探索出一条大品牌引领、大企业带动、各领域层次覆盖、点线面体紧密结合的国际化合作新路径。

目前，中德工业服务区正在加快推进中德智能制造国际合作示范区、上华智造园、潭洲国际会展中心二期等重点产业载体建设，充分发挥佛山机器人学院、华南机器人创新研究院、国际创新转化生物产业孵化中心等平台的带动作用，吸引更多优质项目落户。而在深化国际合作服务机制过程中，佛山将全面营造国际合作氛围，继续举办系列大型对德对欧经贸交流活动，通过活动持续扩大中德工业服务区和中德工业城市联盟的影响力；充分发挥中德工业城市联盟、佛山机器人学院等平台的作用，加强与联盟成员，特别是18座德方城市的园区载体、重点企业对接，深挖合作资源，持续扩大顺德和中德工业服务区对德合作空间和范围。

"中德工业服务区是有边无界的，顺德甚至佛山都是我们服务的范围。"顺德区委副书记、中德工业服务区管委会主任刘怡表示，为了发展智能制造，顺德区在未来几年，预计将培育出不少于30家产值超亿元的本土机器人企业，到2025年，预计机器人上下游生态企业将不少于500家，将形成新的千亿级产业集群。而要打造千亿产业集群，深化国际合作服务机制是当前的重要任务。

第七章
超越：中国最大智能机器人仓库

惟科学技术是历史发展的火车头。解放生产力就是首先将人从繁重的体力劳动中解放出来。

—— 伟大的思想家、政治家、哲学家、革命家　马克思

技术还不是最关键的，最关键的是人才。

—— 德国著名工业4.0专家　尤尔根·弗莱舍

第一节　惠阳猫超仓：中国机器人仓库的最高水平

东江长流，群山叠翠。东晋一代药家葛洪隐居惠州罗浮山三十余载，采药炼丹、修道行医、著书立说，悬壶济世的大医精诚穿越历史的烟云激荡时人，《肘后备急方》让当代女药学家屠呦呦发明了新型抗疟药青蒿素；"问汝平生功业，黄州惠州儋州"，贬嫡惠州的东坡居士修新桥、制秧马、造水磨、筑西

湖、改赋税，造福一方，留下了"不辞长作岭南人"的千古佳话；清末民初和大革命时期，孙中山、周恩来等革命先行者和革命家在东江河岸留下伟岸的身影，也留下革命的火种和红色基因。日新月异，风雷激荡，雄踞大亚湾之滨、坐拥东江之势的惠州，在悄然间建起中国最大智能机器人仓库，赋予机智大时代全新的内涵。

"旋转跳跃/我闭着眼/尘嚣看不见/你沉醉了没……"在这一瞬间，仿佛看到歌手蔡依林《舞娘》的主人公出现在我们面前，"她们"紫色的"眼睛"忽闪忽闪，身着蓝色紧身衣敏锐前行，义无反顾地背着一座座"小山"冲到目的地，任由人类同伴取出"小山"上的东西，没事做时就乖乖地趴在等候区里休息。

2019年3月30日，广东省惠州市惠阳区秋湖路安博物流园内，在深圳市北领科技物流有限公司惠阳猫超仓（即菜鸟·天猫超市智慧仓）的一幕场景。自2017年3月3日惠阳猫超仓启动AGV项目后，这里一跃成为中国最大的机器人仓库，2018年6月5日项目上线后前期投入148台AGV（自动导引运输车），坐上"中国最大AGV机器群"的交椅，引发中外智能机器人业界的强烈关注，线上线下"轰炸式"地报道这座智慧仓库。

但是这些报道的内容大同小异，不少是援引了深圳卫视、中央电视台《新闻联播》以及英国广播公司BBC的视频采访内容，几乎是千篇一律。因此作者决定进行深入采访，以揭开惠阳猫超仓的神秘面纱。

3月30日上午，正值春暖花开之际，在深圳市北领科技物流有限公司惠阳猫超仓运营经理李希迎的带领下，大家有幸一睹仓库的"芳容"。在一号仓的AGV捡货区，只见蓝色的AGV机器人在接到指令后，点亮身上紫色的灯光开始出动，识别出拥有所需货物的货架并从最下方顶托起来，"这些货架平均都超过500斤重。"李希迎介绍。

"背"着离地约30厘米的多层货架，AGV机器人用"腹部"扫描地上的二维码识别最优路径，赶赴指定的拣货工位。每当遇到另一位AGV同伴，他们都会眨眨蓝色的"眼睛"进行"对话"，根据任务优先度进行"礼让"，如果遇到人类将脚伸过去还会主动停下进行"避障"，不过这一区域是禁止行人涉足的。

通过旋转，AGV可以灵活地转变方向，而货架的四面都可以存货。终于抵达拣货工位，将货物交由工作人员作相应处理，按照不同市民的订单进行分框存放，进入下一个流程；而AGV完成"使命"后会将货架送回最近的区域存放，紧接着执行下一项任务或归巢待命。

电量不足时，这些聪明的AGV机器人就会像家里的智能扫地机器人一样，跑去自动充电，而他们的大小和外形也跟大号的扫地机器人差不多。"现在我们拥有100多台AGV机器人，数量有所增加。"李希迎表示，这里一共有四个仓库，只有一号仓的分拣区几乎是全机器人操作，接下来打算上"无人叉车"项目，期望实现其他工序的机器人化。

李希迎在央视《新闻联播》"中国有我"栏目中的受访词

这里是全国最大的智慧仓，我叫李希迎，现在我正和我的机器人同事一起分拣商品。有了这些蓝色小伙伴的帮助，我一分钟能分拣12件，您上午下的单下午就送到。每天有几万个包裹都是从这里发出。

之前在传统人工区干活是非常累的，基本上每天都在走路。我曾经用手机测试过，最多的时候我一天走了七万多步，在仓库干了六个月，相当于从广东惠阳到湖南岳阳老家走了两个来回，每天一下班就觉得非常累，基本上是回到家倒头就睡，人也瘦了十几斤。现在好了，科技进步了，消费者下单之后，有AGV机器人把货柜驮到我的面前，我直接拣货就可以了，由于有了这些机器人的帮助，我们的效率也翻了三倍。

大家看到我身后的这100台机器人，是非常聪明的，它们背后都有一个非常智慧的大脑，它们在运行过程中能相互识别、灵活避让、自主充电，也会合理分配任务，以及做最优的路径规划。经常有外国人来这里参观，他们说中国的物流，比美国的还要酷炫。

我以前从来没有想过，每天会有那么多机器人围着我一起工作，我和机器人一起让中国快递更快了。智慧快递，中国有我！

让李希迎如此热衷进行机器人改造的原因，正是机器人带来的工作效率、空间利用率的提升以及背后节省的人工成本。2018年8月1日，李希迎组织拍摄过一组对比视频，让传统仓库拣货员阿龙和惠阳猫超仓的拣货员小樊分别带上运动手环开展工作。

在传统仓库里，拣货员在货架中走路甚至跑步找货，一天步行超过六万步，相当于跑一次马拉松；而在猫超仓，AGV机器人代替人工跑腿，拣货员"站享其成"。7.5小时后，统计数据显示，阿龙走了27924步，约拣货1500件，已达到人工拣货极限；而小樊算上中午吃饭、中途上卫生间等一共才走了2562步，约拣了3000件货，这个数值还不是猫超仓的最高值。

启动AGV机器人项目后，猫超仓的拣货效率提升40%，而且由于操作简单，人员培训周期从7天缩短到1天，临时工都能马上上手，大大方便了"双十一""6·18大促"等电商购物节造成的短期补员需求。此外，由于人员劳动强度低，员工流失率降低了10%，AGV区域存储密度较高，每平方米存储量也提升了10%。

在这些看得见摸得着的移动机器人背后，还有一个虚拟的"智慧大脑"，叫作"大宝系统"，是专为这座中国最大智能机器人仓库研发的综合运营系统。"目前国内不少智能仓内搬运机器人仅仅只有十几二十台，这和几十台和上百台机器人在一起运作的难度是大不一样的。"菜鸟网络高级算法专家胡浩源介绍说，越多的机器人同时使用意味着分配任务难度越大，要合理地将每个任务分配给对应的机器人，从而实现整体任务完成效率的最优，还要防止机器人之间可能的碰撞，防止部分区域出现机器人拥堵、死锁等。

李希迎说："刚上AGV的时候我们就像是'小白鼠'，最大的期待寄托在我们身上，只有不断地跟开发团队协调沟通调整。"当AGV机器人到货后，不少预期的功能受到实际情况限制，没办法一下子实施，光现场的持续开发就花了半个月，由现场机器人团队跟软件团队直接对接，针对100多条需求一一改进，才算真正能顺畅使用。

在完善后的系统中，AGV机器人可以识别过期商品，将信息传输到系

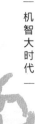

统进行预警，惠阳猫超仓就会将货物退还给供应商，比传统的凭经验、凭人脑去记要更准确、更科学，同时确保到消费者手中的商品都处于有效期。

再如，大宝系统还会根据AGV反馈的数据，做出销售记录，让决策者很清晰地看到哪些商品销量高，哪个季节卖什么更有优势等，从而指导决策，甚至从产业链条上影响供应商的生产。

站在巨人肩膀上才能看得更远。惠阳猫超仓整个模式运作顺利后迅速总结出经验，作为AGV推广应用的基石，已输出给北领无锡猫超自动仓、武清美妆自动化仓等，同时给未来AGV机器人发展提供优化数据的运用支持。

2018年10月25日，菜鸟网络宣布，位于江苏无锡的中国首个IoT（物联网）未来园区正式投入服务天猫"双11"，该园区内的近700台机器人也正式上线运行，一跃取代惠阳猫超仓，成为中国目前最大的智能机器人仓库。

聚焦众多眼光的仓库背后，有一家共同的物流公司——北领，它成为了当下国内AGV运营的最大焦点。"惠阳AGV仓库只是我们第一代的机器人仓库，我们目前在无锡有第二代机器人仓库。"北领科技物流COO蒲恒宏表示。

惠阳猫超仓由浙江菜鸟供应链有限公司投资建设，运营商是深圳市北领科技物流有限公司，主营天猫超市B2C业务，系阿里巴巴集团旗下天猫商超的核心仓储管理服务提供商。

"北领，是两个字的简称，北半球B2C供应链的leader，我们是领导的领，而不是岭南的岭。"蒲恒宏介绍道，北领于2016年5月5日由菜鸟网络与越海全球供应链共同投资成立。

虽然成立时间不长，但是北领的发展速度飞快，截至2018年11月初，国内方面，在华南、华北、东北、华东、华中、西南、西北等区域的仓储面积超过200万平方米，员工超过7000人；海外方面，围绕跨境电商和一带一路，建立起了多个覆盖海、陆、空等多种方式的全球供应链服务网络节点。

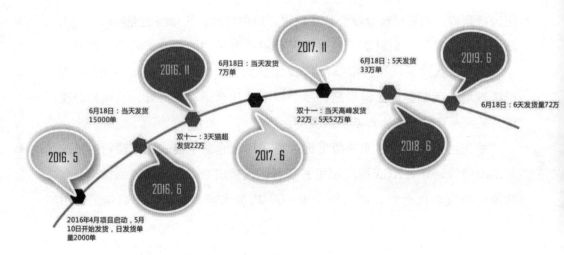

图 7-1　深圳市北领科技物流有限公司惠阳分公司发展历程图

让我们将目光聚焦回深圳市北领科技物流有限公司惠阳分公司，李希迎表示现在每年的"双十一"还是会招人，不同之处是以前招收的临时工是正式工的一倍，现在有了大幅节减。

"前两年招工困难，这里距离深圳近，但工资水平整体比深圳低。"李希迎说，仓储行业工人们在哪里工作大都是包吃包住，薪资水平成为重要的考量标准。但启用AGV项目成为当时中国最大智能机器人仓库之后，惠州猫超仓的劳动强度更低，也没有辐射、污染，还比跑快递要更安全，所以招工一直比较乐观。

当前，惠阳猫超仓的仓库面积达9万平方米，存储着4万多种常温百货，其中拣选面积24000平方米，在职人数达1000多人，规划日处理订单9万单，实际日均订单是5万多单，80%的订单发往深圳，而惠州和粤东各占10%，2018年营收为2亿元。

至于消费者最关心的发货时效，惠阳猫超仓提供了三种选择，第一种是当日达（11:00前下单，当日出库，当日送达），第二种是次日达（23:00前下单，当日出库，次日送达），第三种是预约达（根据客户要求的送达时间进行出库）。

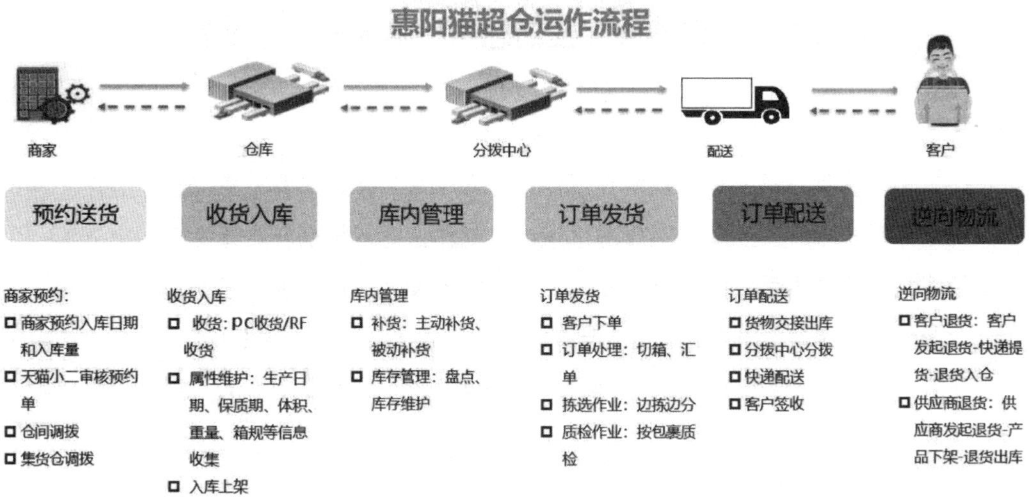

图 7-2 惠阳猫超仓运作流程图

"我们这里订单结构大，发货时效快，拣选面积大，操作难度大。"李希迎说，AGV机器人给客户带来的最大感触便是快捷，"中国物流比较领先，可以实现小时送达，上午想做饭买点材料甚至1个小时就能送到，买个啤酒当晚就能宵夜。"而设置在菲律宾、俄罗斯的仓库，他们对时间的要求并不强烈，运送时间7天客人还觉得非常快。

除了快捷，科技感和智慧感也让AGV增添了神秘的光环，很多中外的消费者和客商都会慕名前来参观，但一般都不允许拍照，而且进出都要接受安全检查，同时公司也对参观者执行筛选制度。

看到忙碌的AGV机器人，很多到访者会从心底生发一个疑问：机器人会最终取代仓储物流的所有岗位吗？理论上是可以的。"我们确实在期待更少人参与生产存储环节，但全自动化不太合适，要考虑成本问题。"李希迎认为，还是人机交互更符合发展趋势。

在英国BBC采访视频的最后，惠阳猫超仓的拣货员——来自中国西南部的李艳坚定地说："我觉得这些机器人不会成为我的竞争者，我除了会拣货还会做其他工作，比如监控系统、接单等，我认为他们不会影响到我。"

第二节 "惠十条"推动惠州机器人产业全新发展

岭南名郡，粤东门户。坐拥罗浮山，合抱东江河，南临大亚湾，作为珠三角东部新兴工业化节点城市的惠州市，崛起仲恺高新技术产业开发区和大亚湾经济技术开发区两个国家级开发区，创建世界最大的电话机、彩电、激光头生产基地，亚洲最大的组合音响生产基地，中国最大的汽车音响、DVD、手机生产基地之一，培育了TCL、德赛、华阳、侨兴、富绅等一批品牌企业。创办了中国最大机器人仓库的惠州市，与珠三角其他节点城市一样，也正在抢抓发展人工智能产业的先机。

随着"大智物移云"（大数据、智能化、物联网、移动互联网、云计算）等新兴技术日新月异以及国家政策支持和行业市场的需求爆发，人工智能（AI）时代正向人们走来。

作为国家电子信息产业基地、云计算应用创新基地、国家信息消费试点市和国家智慧城市试点市，惠州近年来云计算、物联网、大数据等产业蓬勃发展，为人工智能的应用打下坚实的基础。那么，人工智能在惠州的产业发展和社会生活中的应用和发展情况如何？

国家统计局惠州调查队走访相关职能部门、企业，并随机向市民发放了300份问卷调查。调查结果显示，智能化生活将成为时代趋势，惠州人工智能融入产业发展尚处于摸索实践期，为人们提供更贴心和优质的生活服务、创新发展智能工作依然任重而道远。

从产业发展领域的应用来看，惠州的TCL、德赛、华阳等大企业近年来纷纷瞄准打造智能工厂这一热点，引入人工智能相关技术，在生产、物流等环节加快应用工业机器人。

位于惠州市仲恺高新技术开发区的德赛西威汽车电子股份有限公司，是一家上市企业，工厂面积10万平方米，是中国大型的汽车电子设计与制造企业之一，产品涵盖车载信息娱乐系统、空调控制器、智能驾驶辅助系统等，在新加坡、德国、日本有分公司，员工有2000多人，研发团队就有

600多人，研发出汽车总线技术、自主导航引擎及软件、自主全自动空调控制器和组合仪表的算法等核心技术，获得国家专利400项。该公司预计到2020年建成初具规模的智能工厂，初步实现"工业4.0"。

国家统计局惠州调查队价格调查科科员刘水森指出，根据对部分企业调研的信息，在智能化方面大多数企业以订单式用户、个性化定制的制造模式为主，因此目前推行智能化管理有难度，而且企业的信息化程度各异，像一些自动化、智能化基础的系统仅在基础好、规模强大的企业才有。

"但在'机器换人'津贴补助方面，由于惠州企业的机器人投入规模不大且申报条件相较其他制造业发达的城市如东莞、深圳来说缺乏优势，因此即便省里面有相关申报文件，惠州目前也不在受惠范围内。"刘水森表示。

从社会生活领域的应用来看，刘水森介绍，对惠州市民的问卷调查结果显示，许多人认为生活智能化将成为时代趋势。80%的受访者对于日后的智能化生活表示期待。

对于"多久大致可实现智能化生活"，有66.6%的受访者认为需要10年左右，16.7%的受访者认为要10—30年。而被问及"选取智能化产品方面主要考虑的因素"时，58.3%受访者选择"功能实用性"，25%的受访者选择"性价比"，12.5%的受访者选择"方便快捷性"。

调查1. 生活智能化将成为时代趋势吗？

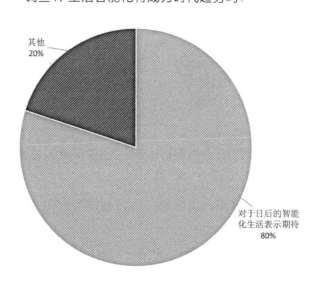

其他
20%

对于日后的智能
化生活表示期待
80%

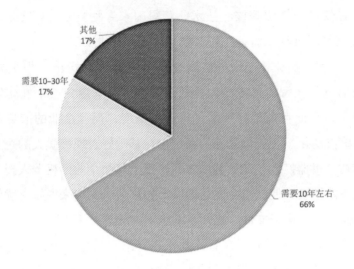

调查2. 多久大致可实现智能化生活？

其他 17%

需要10-30年 17%

需要10年左右 66%

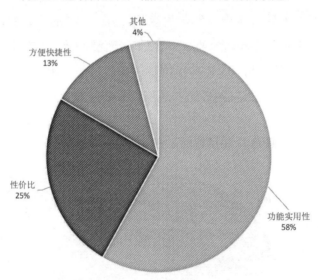

调查3. 选取智能化产品方面主要考虑的因素是？

其他 4%

方便快捷性 13%

性价比 25%

功能实用性 58%

图 7-3　AI在惠州的产业发展和社会生活中的应用及发展情况调查结果

根据调查，目前惠州人工智能产业发展还存在不少问题，其中包括对智能制造的认知水平有待提升。

数据显示，约76.7%的受访者表示"听说过"人工智能，仅有20%的人群表示"基本了解"。同时，企业对于智能制造能否解决企业生产的实际问题尚存有疑虑，不懂得如何做好顶层设计。

需要说明的是，惠州企业的自动化基础较为薄弱，给集成制造系统添加了难度，而专业技能人才的短缺也导致创新动力不足。"在调研中，我们了解到企业缺乏懂得将'技术与产业'深度融合、懂智能又会管理的复合型人才，继而导致企业创新能力不足，许多企业即便已经认识到智能制造转型的必要性，但仍受制于创新能力的不足而'望而却步'。"刘水森表示，扶持政策的精准度和普惠性不足，也导致企业的技改意愿不强。

国家统计局惠州调查队建议，惠州应着力匡正对智能化的认识，从医疗、家居、交通、农业等多渠道向公众和企业宣传人工智能，描绘智慧生活蓝图，同时，多方助推形成统一的工业应用标准，并通过"引智工程"和"本地培育"相结合，为智能制造填补人才紧缺短板。

其实，在实施"引智工程"方面，惠州一直在努力。2018年6月7日下午，第七届中国（广东）韩国发展交流会——智能制造专场推介会举行，旨在进一步推动中韩双方企业在智能自动化领域的交流与合作。活动中，中韩双方企业代表发言、分享后，随即进入企业一对一洽谈，惠州市不少企业就感兴趣的项目与相关企业进行现场对接。

广东省机器人协会执行会长任玉桐对惠州市机器人产业发展提出建议，并表示省机器人协会将大力支持惠州机器人产业发展。市机器人协会顾问赵冰对韩方企业的智能控制系统兴趣颇浓，希望借助此次交流会为惠韩企业多提供交流平台，进一步拓宽合作领域，共商机器人产业发展大计。

近年来，惠州市高度重视发展智能制造行业，把智能制造作为全力创建珠三角国家级示范区的主攻方向，并推出了《惠州市智能制造发展规划（2016—2025年）》《惠州市进一步降低制造业企业成本支持实体经济发展的十条政策措施》等政策组合拳。

同时，惠州市还通过参与各类科技展，以及在惠州举办科交会、云博会、全国智能制造应用技术技能大赛等活动，致力惠州智能制造行业发展，着力把惠州打造成为更具创新特质的智能制造高地。

表 7-1　惠州市扶持智能制造"惠十条"解读表

"惠十条"中智能制造行业相关内容摘要	1. **降低企业税收负担**：惠州市车辆车船税适用税额降低到全国最低水平，大型客车车船税确定为每年 510 元。 2. **降低企业用地成本**：惠州市年度建设用地供应计划中工业用地比例不低于 40%，以确保工业项目用地需求。省追加的新增城乡建设用地指标，原则上用于先进制造业项目。 3. **降低企业社会保险成本**：下调单位工伤保险费率，全市平均费率下降 25%，调整后平均基准费率比原来平均基准费率低 0.29%，比国家规定的平均基准费率低 0.32%。 4. **降低企业用能成本**：在 2017 年 6 月已下调价格基础上，进一步下调 0.2 元／立方米以上。 5. **降低企业运输成本**：对纳入惠州市统计范围的年主营业务收入超过 50 亿元的物流企业，市、县（区）财政分别按其当年对本级地方财政贡献增量额度的 50% 给予奖励，最高奖励不超过 1000 万元。 6. **降低企业融资成本**：对首次公开发行股票并上市的企业实行分类、分阶段奖励，单个企业最高奖励总额由 400 万元提高到 1000 万元。 7. **降低企业制度性交易成本**：进一步深化投资项目审批制度改革，通过合并、并联、放权、整合、取消审批等措施，对现行审批事项大幅度压缩，以提高审批效率，将行政审批时间从 149 个工作日压缩到 81 个工作日。 8. **支持培育制造业新兴产业**：从 2018 年起实施新一轮工业转型升级攻坚行动，每年将惠州市技术改造专项资金由 3000 万元提高到 5000 万元，对企业开展数字化、网络化、智能化和绿色化技术改造给予重点支持。 9. **支持制造业企业成长壮大**：对纳入惠州市统计范围的年工业总产值 1 亿—5 亿元、5 亿—20 亿元、20 亿元以上且工业增加值增速达 15% 以上的工业企业，市、县（区）财政分别按其当年对本级地方财政贡献增量额度的 20%、30%、50% 给予奖励，最高奖励不超过 1000 万元。

续表

	10.支持品牌创建和试点示范建设：对新获评国家级、省级的落实"中国制造2025"、智能制造、制造业与互联网融合、军民融合的有关试点示范项目，分别给予一次性奖励50万元、20万元
从结构上看	"惠十条"参照了"省十条"的总体结构，分为十条两大部分内容，前面七条做"减法"，从税收、用地、社保、用能、运输、融资、制度性交易成本等方面入手，着眼于降低制造业企业成本。后面三条做"加法"，均为惠州市"自选动作"，从培育新兴产业、培育大型企业、创建品牌和试点示范等方面着力，着重于支持实体经济发展
从内容上看	"惠十条"在贯彻落实"省十条"的基础上，提出惠州市更详细的操作细则和更进一步的惠企措施

目前，惠州市已经形成了以电子信息、石化产业等为主，专用设备、机械产业为辅的先进制造业产业发展格局。广东省许多城市大力推动"机器换人"计划，发展人工智能成为热潮，惠州企业也陆续上演"车间革命"。市经信局提供的数据显示，截至2018年底，惠州有工业机器人应用的企业有120多家，累计应用工业机器人设备1万多台（套），部分骨干企业的主要工序已经实现数字化、智能化。

从2016年以来，惠州市还相继出台了《惠州市智能制造发展规划（2016—2025年）》以及《惠州市推进制造业与互联网融合发展实施方案》等，全面实施智能制造发展规划，协同推进"中国制造2025"和"互联网+"行动，发展新经济，培育新动能，加速制造业提质增效升级，打造制造业发展新引擎。

惠州市提出的实现"五个更加"目标中，第一个就是创新要素更加集聚，建成一批新兴产业高度集聚的创新型园区，全市工业总产值突破1万亿元，先进制造业、高技术制造业增加值分别占规模以上工业增加值比重60%和40%以上，产业技术水平实现从跟跑转向并跑，部分重点产业和细分领域实现领跑。

2018年6月12日，惠州华星光电高世代模组投产仪式在惠州市仲恺区TCL集团模组整机一体化智能制造产业园举行。该项目是TCL集团模组整机一体化智能制造产业园项目重要组成部分。产业园总投资129亿元，包括高世代模组（96亿元）和智能显示终端（33亿元）两个子项目，总占地约131万平方米。项目全部建成后，将实现每年6000万片显示面板和3500万台智能电视的产能，成为全球最大、最先进的模组整机一体化智能制造产业园。该项目建成后，将成为惠州市智能制造领域的一张闪亮名片，这将成为惠州市大力发展智能制造业取得积极成效的一个缩影。

预计到2020年，惠州市将形成智能装备及关键部件制造、技术和软件支持、系统集成与服务等较为完善的机器人及智能制造产业体系；到2025年，惠州市制造业各环节全面进入智能化制造阶段，智能装备制造及配套产业链产值超过2500亿元。

机器人的研发、制造、应用代表着未来智能装备的发展方向，机器人产业发展可领跑智能制造产业快速发展。如今，广东的机器人产业发展迅猛，已成为工业机器人和服务机器人发展的领跑者，产业链比较完整，形成了产业集群效应和品牌效应。

任玉桐表示，惠州在机器人产业发展方面完全可以"后来赶上"，特别是在机器人集成方面，"惠州有广大的应用市场，而且有的企业做得还不错"。

目前，惠州市工业机器人应用企业已达100家，累计有应用工业机器人设备7000多台套，部分骨干企业的主要工序已经实现数字化、智能化。

任玉桐建议，发展机器人产业不一定要全产业链发展，各市还是要抓重点，要符合各地的产业发展方向。"比如惠州3C行业比较多、石化产业做得好、智能终端比较普及，那么就要往这些方面发力，把机器人集成市场做强做大。"任玉桐表示，省机器人协会也会大力支持惠州机器人产业发展。惠州还可以在机器人关键零部件研发制造方面下功夫，重点扶持关键零部件生产企业。

第三节　5G时代万物互联加速仓储智能化

"已见松柏摧为薪，更闻桑田变成海"。日月更替星移斗转，风霜雪雨天地伦回，世间万事万物相依相生相联相存。科技化革命的浪潮掀起了惊涛骇浪，3Com公司创始人罗伯特·梅特卡夫指出，人与大数据和互联网联系产生的能量令人难以置信地强大。万物互联时代像旭日东升一样正在全面开启，年均复合增速将保持在20%，到2022年全球物联网市场规模有望达到2.3万亿美元左右。万物互联将加速仓储智能化，使人工智能发展进入一个全新的时代。

智能仓储是时代发展催生的产物。一方面，随着人口红利的消退、社保税费成本的不断提升，仓储行业用人成本不断提升。另一方面，电商、物流产业的快速发展带动了智能仓储的迫切需求。

放眼全球，当前世界最优秀的物流自动化系统集成商仍集中在美国、欧洲和日本等地区，国内系统集成商仍处于相对落后状态。2018年5月，美国权威物料搬运领域杂志《MMH》公布了2017年全球自动化系统集成商20强榜单。

2017年智能仓储集成商20强榜单中收入超过10亿美元的有6家：

Daifuku（日本大福）以36.59亿美元排名第一；

SSI SCHAEFER（德国胜斐迩）以30.60亿美元排名第二；

Dematic（德国德马泰克）公司以营收22.67亿美元排名第三；

Vanderlande（荷兰范德兰德）以15.38亿美元的营收排名第四；

Murata Machinery（日本村田机械）当年营收12.87亿美元排名第五；

Honeywell（美国霍尼韦尔）以10亿美元营收排名第六。

在2017年20强榜单中，欧洲区域的公司占据了绝对优势，日本公司有两家入围，而目前中国本土公司尚未进入20强名单。

据资料介绍，中国自动化物流系统的发展经历了三个主要阶段。1975—1985年，我国自动化物流系统发展处于起步阶段，在这一时期，国内已完成系统的研制与应用，但限于经济发展的限制，应用极其有限；

1986—1999年，属于国内自动化物流系统的发展阶段，随着现代制造业向中国逐步转移，相关企业认识到现代化物流系统技术的重要性，其核心的自动化仓储技术获得市场认识，相关技术标准也陆续出台，促进了行业发展；从2000年至今，则是国内自动化物流系统的提升阶段，在这一阶段，市场需求与行业规模迅速扩大，技术全面提升。现代仓储系统、分拣系统和自动化立体库技术在国内各行业开始得到应用，尤其以烟草、冷链、新能源汽车、医药、机械制造等行业更为突出。更多国内企业进入自动化物流系统领域，通过引进、学习世界最先进的自动化物流技术以及加大自主研发的投入，国内的自动化物流技术水平有了显著提高。

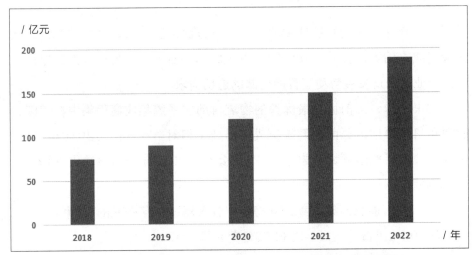

图 7-4　2018—2022年自动分拣系统投资规模图

表 7-2　快递企业上市提升智能物流装备需求表

快递公司	借壳公司	募集资金（亿元）	募投项目名称	投资总额（亿元）	投资完成度
圆通	大杨创世	23	转运中心建设和智能设备升级项目	11.00	77%
			智能网络提升项目	6.00	7.8%
			指挥物流信息一体化平台建设项目	6.00	9.7%

续表

快递公司	借壳公司	募集资金（亿元）	募投项目名称	投资总额（亿元）	投资完成度
申通	艾迪西	48	中转仓一体化项目	14.47	44.9%
			运输车辆购置项目	5.17	100.0%
			技改及设备购置项目	3.35	37.5%
			信息一体化平台项目	3.68	25.2%
			现金对价	2	—
韵达	新海股份	39	智能仓配一体化转运中心建设项目	1.36	—
			转运中心自动化升级项目	20.52	—
			快递网络运能提升项目	10.31	—
			供应链智能信息化系统建设项目	6.96	—
			城市快速配送网络项目	4.02	—
顺丰	鼎泰新材	80	航材购置及项目飞行支持项目	26.86	61.5%
			冷运车辆与温控设备采购项目	2.92	100.0%
			信息服务平台建设及下一代物流信息技术研发项目	34.49	45.3%
			中转场建设项目	13.95	50.3%

注：投资总额为项目调整后，投资完成度截至2017年12月31日；韵达于2018年募集资金，暂无使用情况披露。

据前瞻产业研究院的数据，2013年我国AGV销量为2439台，2014年上升至3150台，同比增长29.15%；2016年销量为6500台，同比增长51.16%。2013—2016年年复合增长率达38.64%。

中国移动机器人（AGV）产业发展年度报告显示，2018年新增AGV29600台，市场销售规模达到42.5亿元。

"自动化物流装备按功能构成分为立体仓储设备、高速分拣设备、自动化输送设备等几大类，主要产品有自动化立体库、堆垛机、自动分拣机、输送机、AGV自动导引车等。其中自动化立体库、自动分拣机、自动输送系统是智能物流关键设备，对于提高物流分拣中心的储存能力和分拣效率起到至关重要的作用。"中国移动机器人（AGV）产业联盟有关负责人表示，自动化立体库能有效减少土地占用及人力成本，是提高物流效率的关键因素。自动化立体库的发展可以有效地解决仓储行业大量占用土地及人力的状况，并且实现仓储的自动化与智能化，降低仓储运营、管理成本并且提高物流效。

中国物流技术协会信息中心统计，目前美国拥有各种类型的自动化立体仓库2万多座，日本拥有3.8万多座，德国1万多座、英国4000多座。我国的自动化立体库近十年来市场规模保持了20%左右的平均增速，2016年市场规模约149亿元，同比增长23%。预计未来几年将维持20%增速，到2020年将达到325亿元规模。

表 7-3 电商企业物流体系定位和建设规则汇总表

电商名称	代表案例	物流体系定位	物流体系建设规则
阿里	菜鸟网络	全球领先的物流网络	未来五年投入1000亿元，主要用于和物流伙伴共建智能仓储、智能配送、全球超级物流枢纽等，加快建设全球领先的物流网络，实现国内24小时，全球72小时到达，以物流的智能化实现新零售战略的推进

续表

电商名称	代表案例	物流体系定位	物流体系建设规则
京东	亚洲一号	以物流打头阵的供应链全球化服务	自全国第一个"亚洲一号"2014年10月投入使用以来，京东已在国内拥有七大物流中心，覆盖2691个区县，未来十年，京东物流将主攻国际化，形成强大的国际化供应链服务网络，同时提升整个社会的供应链效率，节约供应链成本
苏宁	苏宁云仓	覆盖全国的智能云仓体系、强化整体的物流能力	至2020年，苏宁物流将新建40座中大型仓库，50个城市分拨中心，仓储面积新增1000万平方米；航空物流突破100条，运输车辆超过10万辆；同时，布局农村和学校，打造1万个服务站点，5万个自提点，3万个快递点
唯品会	蜂巢系统	全球一流的电子商务平台	目前，唯品会已将建成东北、华中、华北、华南、华东和西南六个大型物流仓储中心，未来将加快全国乃至全球物流仓储布局，全面升级各大物流中心的仓储自动化系统

而放眼全国，广东智能仓储业与现代物流业的发展是非常迅速的。建于东莞松山湖的广东易库智能仓储设备科技有限公司就是一家以"造所有企业都能用得起的立体智能仓库"为己任的创新型企业。从2011年开始，易库智能先后投入巨资，与国内知名软件企业一道，开发出领先于国内同行的仓库ERP+WMS软件系统，该软件实现了进销存数据自动生成和仓库

物料智能系统管理，成为立体智能仓库的智慧大脑。

　　该公司创始人兼董事长华志刚从事生产管理和智能设备行业20多年，对管理和设备需求有独到见解。在"工业4.0"概念的启发下，他大胆构想了工厂发展的新方向和新思路，并在第一时间与团队成员探讨这条新赛道的可行性。

　　"智能制造是工业4.0的核心，而实现智能制造的核心在于连接，就是要把设备、生产线、工厂、供应商、产品和客户紧密地联系在一起。尤其是制造业中的仓库，正处于协调整个供应链的基础地位，打造内部局域化的智能物流是升级改造仓库、打造智能化工厂的必然趋势。"华志刚说，在与团队多次的思想碰撞后，他更加坚定这种想法，而易库着手研发的智能ERP管理系统将成为智能工厂的核心。经过3次升级，易库智能仓库管理系统已经接近完善，4个专业版的智能仓储软件应运而生，分别是智能仓库、智能模具库、智能工具库、智能线边库的管理系统。生产软件与物流、仓储设备硬件研发，整合两个截然不同的行业，相互融合创造出来的，便是华志刚心中所想的"易库智能立体仓库4.0"。

　　市场蕴藏着无数机会，在8年多的反复打磨和历练中，易库渐渐拥有了一席之地，智能立体仓库实施落地的客户已达近100家企业，比亚迪汽车、先进半导体、南兴装备股份、黔南州消防、华中数控、润伟机电、智莱科技、积硕科技、长华科技、瑞立达等知名企业见证了易库智能立体仓库的成长。

　　"以局域化物流来实现智能数字仓库、智能数字化车间，这是我们努力的方向。"华志刚表示，易库智能仓储打造了新型的智慧物流模式，结合大数据采集，将管理系统、仓库、生产车间、物流运输各方面实现全面智能化，解决传统模式中存在的弊端，让物流管理更高效、更安全。

　　广东深圳路辉物流设备有限公司成立于2015年，是物流设备核心系统及解决方案提供商。该公司研发生产的模块化智能分拣设备系列和新型玻璃纤维输送滑槽系列，广泛应用于电商、快递物流，服装、食品、图书等行业。其合作客户包括京东、中国邮政、菜鸟、德马、信源、金锋馥等知名企业。

"我们的产品应用范围广泛，主要为快递企业定制分拣系统、帮助电商仓库实现最大效率以及为制造业企业优化生产线。除此之外，机场等需要输送分拣设备的单位也是我们设备的使用者。"深圳路辉物流设备有限公司联合创始人蔡灿喜说："分拣设备经常需要24小时无休工作，要优先保证客户不会因为机器'卡壳'而产生损失。为做到这一点，路辉从原材料采购环节开始就坚持高标准、严要求，不断完善品控和管理，优化工艺流程，将一切做到非常精细。"

保证产品性能可靠性的同时，针对不同客户推出不同的产品解决方案是路辉发展壮大的另一法宝。"以电商为例，针对电商波峰波谷业务量差别巨大的特点，我们在设备产能上设置了弹性。一般来说，每小时2000单产能可以满足大部分客户平时的需求，然而在高峰时期，我们的设备可以实现每小时4500单的速度，通过多套设备的连接分流处理，实现多个皮带同时输送，还可以进一步提高订单处理数量。"蔡灿喜认为，峰值时期设备的成本是不少企业的痛点，如果全都按照峰值量来配备，会给企业造成很大的负担。"因此我们计划推出设备租赁，通过峰值时期的临时加装设备来帮助客户渡过难关。按订单计费的方式，既减少了企业用户在固定资产上的过度投入，又为我们自己提供了新的盈利点，是一种双赢的合作模式。"

面向未来，路辉公司提出了三大发展理念。首先是无痕分拣，这也是路辉的产品相比滑块分拣的优势，不会因为碰撞导致货物变形，或者出现卡货的情况，这就大大拓宽了产品的适用范围，对货物没有任何磨损和破坏的优点也广受用户欢迎；其次是分拣过程中粗分与细分的结合，根据货物大小进行粗分，再按照配送地区进行细分的方式方便了企业的配送；最后是系统的优化。考虑到货物在下皮带轮后的高效安全输送，路辉采用了玻璃钢材质的滑槽，这就避免了碳钢滑槽经常会出现的腐蚀、凹坑等问题；针对城市配送"最后一公里"的难题，路辉公司还开发了适应城市配送交通工具的两轮电动车快递箱。

"过去十年，智能制造、智能物流、电商的快速发展引发物流变革并催生了大量的物流科技，数字化、供应链、新零售成为关键词，物流科技的创新方向向更加细分及场景化应用突围。"广东省物流行业协会技术装备工作委员会主任贺国煌认为，随着5G时代的万物互联、数字化时代的供应链、人工智能与人机交互技术的发展，下一个十年，将是物联网与人工智能发展的大时代。

第八章

产值500亿：广州机器人产业规模居全国第二

机器人产业是小，但它带动的是很大的智能制造产业链，可谓制造业皇冠顶端上的明珠。广东的机器人产业有望站在世界之巅。

——广东省机器人协会执行会长　任玉桐

广州机器人产业产值集中在工业机器人方面，应用于工厂自动化、商用机械臂、自动化小车等。在这些领域，由于工厂面临着用人问题和降低成本的要求，所以工业机器人产值稳步增长。

——德国汉堡科学院院士　张建伟

第一节　机器人"军团"剑指"机器人之城"

璀璨羊城，七彩珠江。五羊城这座已有2800多年历史的城市正在焕发出时代光芒，活力无限、魅力无限。母亲河珠江如玉带绕城而过，碧绿的滔滔江水孕育了鼎盛的、闻名全国乃至全球的南粤现代工业文明，缔造了与北京上海齐名的超级大城市，也创造着光辉灿烂的经济发展模式。从"广州十三行"到"粤港澳大湾区"重要节点城市，历史与现实在时间的履带上交错前行，创业者奋斗的足迹，正在书写着南粤大地在新时代奔跑追梦的壮丽诗行。

2019年9月26日至28日，由中国机械工业集团有限公司和广州市人民政府通力打造的2019第四届中国（广州）国际机器人、智能装备及制造技术展览会（英文RoboIMEX）暨国际汽车装备、机床自动化及金属成型展将在广州琶洲展馆举行，展会规模达5万平方米，会前预计吸引500家中外参展企业，举办20余场峰会论坛，迎来10万人次的业界代表和市民参加。

在现代化大都市广州，这样的机器人展会让人目不暇接。智能机器人作为人工智能的首要应用场景，已成为南粤中心组团城市抢占新经济制高点的重要抓手。广州机器人产业发展起步早、起点高，发展迅猛，经过十余年的厚积薄发，已呈现出引领者的雄姿。

2016年统计数据显示，广州智能装备及机器人产业规模已近500亿元。2017年年初，广州市政府在美国举办的2017年《财富》论坛上透露，2016年广州智能机器人生产量在全国已排名第二，跻身中国城市信息化50强的第二名、"互联网+"城市榜前三甲。

"这得益于广州完整的机器人产业链、连接的庞大市场和处于改革开放前沿的优势。"广东省机器人协会执行会长任玉桐表示："机器人产业是小，但它带动的是很大的智能制造产业链，可谓制造业皇冠顶端上的明珠。广东的机器人产业有望站在世界之巅。"

发展政策起到了推波助澜的重要作用。2018年7月23日，广东省人民政府印发《广东省新一代人工智能发展规划》，提出要推动人工智能产业集约集聚发展，在广州重点建设南沙国际人工智能价值创新园、黄埔智能装备价值创新园、番禺智能网联新能源汽车价值创新园，促进人工智能产业园区蓬勃发展，这为广州机器人产业的新一轮发展提供了强大的动力。

表 8—1　广州重点建设的三大人工智能产业园区概况表

	南沙国际人工智能价值创新园	黄埔智能装备价值创新园	番禺智能网联新能源汽车价值创新园
地理位置	位于南沙自贸区庆盛枢纽区块,规划范围为东、北至沙湾水道,西至京珠高速,南至广深港客运专线,面积约5平方公里	位于黄埔区茅岗,面积约1平方公里	位于番禺区东北部,广汽番禺汽车城F地块,横跨化龙镇、石楼镇,东至南大干线、南达莲花大道、西及金湖工业区、北到金山大道东延段,规划面积约5平方公里
信息基础设施	稳步推进LoRa(易于建设部署的低功耗、广域物联技术)物联传感网试验网建设	暂无	暂无
公共服务配套	启动广大附中(南沙)实验学校、广州市第二中学附属南沙学校等5个学校建设,推动南沙中心医院二期后续工程、中山大学附属第一(南沙)医院等项目建设,建设国际人才社区、青年人才社区等	布局设置国际化的社区邻里中心,周边完善国际学校、教育培训中心、医疗诊所、商业网点、影院娱乐等生活服务配套,打造宜居宜业的创新社区。打造创新共享走廊和活力休闲水街	园区东侧规划建设生活服务区生态小镇,设置幼儿园、九年一贯制学校各1所,并建设人才公寓、主题公园、购物商场、学校等配套设施
园区发展基金	将设立总规模为100亿元、首期规模为50亿元的人工智能产业母基金,首期规模10亿元的人工智能并购基金以及规模5亿元的人工智能产业引导基金	暂无	暂无

	南沙国际人工智能价值创新园	黄埔智能装备价值创新园	番禺智能网联新能源汽车价值创新园
发展目标	以亚信集团、微软广州云、云从人工智能视觉图像创新研发中心、科大讯飞华南人工智能研究院等为核心，打造一批人工智能产业应用的示范项目，形成具有示范效应的、更高效的人工智能产业发展模式。逐步建设成为全国一流的"AI＋"（人工智能）智能城市示范区和全球领先的人工智能产业核心聚集区	以全国智能装备关键设备、技术供应和研发创新中心为定位，重点发展装备集成、先进控制器、传感器等智能制造核心部件及工业机器人的技术研发和生产	逐步建成智能网联新能源汽车研发和制造能力行业领先、动力电池等关键系统产业化水平国内领先、自主掌握自动驾驶总体技术等领先技术、智能网联新能源汽车产业集聚配套、售后服务建设与产业规模相匹配的智能网联新能源汽车制造基地和华南汽车文化中心

广州将通过重点建设人工智能产业园区促进广州打造"机器人之城"。

2017年7月，黄埔区、广州开发区已集聚了75家智能装备及机器人企业，是大力发展新一代信息技术、人工智能、生物医药等战略性新兴产业的重要"根据地"之一，更是推动广州国际科技创新枢纽核心区建设"更上一层楼"的重要抓手。

作为广州机器人行业集聚效应凸显的代表，在黄埔区、广州开发区，以广州数控、广州启帆、达意隆、弘亚数控、瑞松科技、明珞汽车装备、海瑞克、昊志机电、松兴电气、新松公司等为代表的智能制造企业已经形成了实力雄厚的"机器人企业军团"，在中国的智能机器人产业中占据了重要位置。与此同时，全球机器人巨头发那科（FANUC）将投资1.08亿元落户该区建设华南基地，这里已形成了国际接轨、国内先进的机器人产业集群。

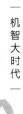

2017年7月，广州迎来机器人巨头企业——新松机器人自动化股份有限公司。新松公司隶属中国科学院，是一家以机器人技术为核心、致力于全智能产品及服务的高科技上市企业，是中国机器人产业前10名的核心牵头企业、全球机器人产品线最全的厂商之一。

根据双方签署的协议，广州市政府与新松公司将共建广州国际机器人产业园及新松机器人南方总部基地，在机器人及智能装备领域开展创新研发、生产制造、应用推广、招商引资、金融服务等合作；同时，积极对接、引进以色列等国家和地区先进技术及高端人才，建设国际高端创新平台，形成完整的机器人与智能装备产业生态链。

引进一大批机器人巨头企业落地是广州发展机器人产业的重要策略。2017年年初，黄埔区、广州开发区率先发布了扶持先进制造业、现代服务业、总部经济和高新技术产业发展的4个产业政策，每个政策10条内容，新增财政预算22亿元，通过"黄金政策"加"黄金服务"，打开推动企业转型升级、走向国际智能制造前列的"黄金通道"。对于成功转型升级的制造业项目，最高给予1.5亿元的奖励，对先进制造业落户奖励金提高到1000万元。

机器人巨头企业落地得使广州逐步推广形成了完整的机器人产业链和拥有庞大的应用市场。广州市黄埔区、广州开发区以机器人产业为主引擎，大力提升广州科技创新在全国的知名度，助力广州角逐"机器人之城"的全球竞争。

"要建设'机器人之城'，创新是重要的手段。"任玉桐提出，目前国内潜在市场广阔，然而目前所使用的机器人进口比例大于国产，国产机器人在自主技术方面存在短板。"虽然政府的扶持政策给力，但机器人生产企业，要多在技术方面发力，形成自主技术，通过跟国外合作、购买等途径实现'弯道超车'。"

为了鼓励这种"弯道超车"，广州还另辟蹊径，从人才和知识产权方面下功夫。2017年年中，黄埔区、广州开发区同时公布人才和知识产权两个"美玉10条"政策，再一次彰显其致力于"全球纳才"以及打造高水平市场化、法治化、国际化营商环境的魄力与信心。

黄埔区、广州开发区人才和知识产权"美玉10条"详细政策（节选）

第一条 为贯彻落实《中共中央国务院关于深化体制机制改革加快实施创新驱动发展战略的若干意见》《中共中央印发关于深化人才发展体制机制改革的意见》《中共广东省委印发关于我省深化人才发展体制机制改革的实施意见》《中共广州市委广州市人民政府关于加快集聚产业领军人才的意见》精神，优化人才创新创业生态环境，结合我区实际，制定本办法。

第二条 本办法适用于黄埔区、广州开发区及其受托管理和下辖园区（以下简称"本区"）范围内创新创业的杰出人才、优秀人才、精英人才及其他鼓励类人才和高端人才服务机构。

第三条 【全球纳才奖励】对本区新引进或新培养的杰出人才、优秀人才、精英人才，经认定分别给予安家费500万元、300万元、200万元。其中，对诺贝尔奖获得者、院士给予安家费最高1000万元。支持本区企事业单位设立院士（科学家、专家）工作站（室），传帮带培养创新人才，给予最高100万元开办经费资助。

第四条 【高端项目扶持】设立50亿元的"黄埔人才"基金，采取政府引导、市场运作方式，投向本区重点发展的产业领域，其中投资于人才创业项目的资金不低于30%。

第五条 【安居乐业工程】对新引进或新培养的诺贝尔奖获得者、院士提供人才别墅，未享受安家费的，在本区工作满10年后将获赠别墅产权；对未享受安家费的其他杰出人才、优秀人才、精英人才分别给予每月最高10000元、8000元、5000元的住房补贴，补贴期3年。

第六条 【福利配套保障】对未享受安家费的杰出人才、优秀人才，给予为期3年的人才津贴，每年最高20万元。

第七条 【名家名匠奖励】鼓励教育、卫生行政部门加快人才队伍建设，对新引进或新培养的名校长、名教师、优秀医学专家，经认定给予最高300万元奖励，对名校长、名教师、优秀医学专家设立的工作室每年给予最高100万元经费支持。

第八条 【高端人才服务奖励】为杰出人才、优秀人才、精英人才提供高端人才服务，依法成立的行业协会或中介机构，经认定给予每年30万元经费补贴。

第九条 对掌握世界前沿技术，拥有高端人才资源和科研资源的杰出人才，到我区建设重大公共技术平台、实施高端产业化项目，经区委、区政府、党工委、管委会同意，给予最高10亿元的重点扶持。

第十条 符合本办法规定的同一项目、同一事项同时符合本区其他扶持政策规定（含上级部门要求区里配套或负担资金的政策规定）的，按照从高不重复的原则予以支持，另有规定的除外。涉及个人奖励的直接划到个人账户，获得奖励的涉税支出由企业或个人承担。本办法从公布之日起实施，有效期3年。有效期届满或有关法律政策依据变化，将根据实施情况予以评估修订。

广州市黄埔区、广州开发区加强知识产权运用和保护促进办法（节选）

第一条 为贯彻落实《国务院关于同意在中新广州知识城开展知识产权运用和保护综合改革试验的批复》《广东省人民政府关于印发广东省建设引领型知识产权强省试点省实施方案的通知》《广州市人民政府关于印发广州市加强知识产权运用和保护促进创新驱动发展实施方案的通知》精神，结合我区实际，制定本办法。

第二条 本办法适用于工商注册地、税务征管关系及统计关系在黄埔区、广州开发区及其受托管理和下辖园区（以下简称"本区"）范围内，有健全的财务制度、具有独立法人资格、实行独立核算，且承诺10年内不迁离注册及办公地址、不改变在本区的纳税义务、不减少注册资本的企业或机构。若被扶持企业或机构违反承诺，将追回已经发放的扶持金或奖励金。

第三条 【服务机构落户奖励】对新设立且设立当年年度主营业务收入达到1000万元、5000万元、1亿元以上的知识产权服务机构，经认定，分别给予100万元、500万元、1000万元一次性奖励。

第四条 【经营贡献奖励】对当年统计达到规模以上或对本区地方经济

发展贡献达到50万元以上，且营业收入同比增长10%以上的知识产权服务机构，按当年对本区地方经济发展贡献的50%予以奖励，最高1000万元。

第五条 【交易激励】对经认定的知识产权交易平台，按年度专利、商标、版权交易金额的1%予以奖励，每家交易平台每年奖励最高500万元。

第六条 【金融扶持】科技企业以其依法拥有的知识产权以质押方式从银行业金融机构取得信贷资金的，对该笔贷款发生的评估费、担保费或保险费100%给予补贴，最高分别不超过实际贷款额的2%、3%、3%，且每项评估费、担保费或保险费的补贴分别最高10万元。企业还本付息后，对该企业实际贷款额按3%的年利率给予贷款贴息，每笔实际贷款期限最长1年，每家企业每年可申请1笔贷款贴息补贴，每年贴息金额最高50万元。

第七条 【信息分析奖励】鼓励本区高新技术企业委托本区具有全国知识产权服务品牌培育机构资格的机构开展专利导航、专利预警分析、知识产权分析评议等工作，在项目验收合格并经区主管部门审核通过后，按实际发生费用的20%对企业给予补贴，单笔最高10万元，每家企业每年累计补贴最高100万元；按实际发生费用的10%对机构给予奖励，单笔最高10万元，每家机构每年累计奖励最高200万元。

第八条 【保护资助】对入选广东省、广州市知识产权保护重点企业库的本区企业每年分别给予10万元和5万元资助，专项用于加强企业知识产权保护工作。

第九条 【培训扶持】境外高等院校、知识产权培训机构在中新广州知识城单独或联合国内高等院校、知识产权服务机构设立知识产权国际教育培训机构，培养知识产权人才的，经区政府、管委会同意，另行予以重点扶持。

第十条 符合本办法规定的同一项目、同一事项同时符合本办法不同条款或本区其他扶持政策规定（含上级部门及本区配套或负担资金的政策规定）的，按照从高不重复的原则予以支持，另有规定的除外。获得奖励的涉税支出由企业或机构承担。本办法从公布之日起实施，有效期3年。有效期届满或有关法律政策依据变化，将根据实施情况予以评估修订。

两个"美玉10条"除对特别重大人才项目最高奖励10亿元，力度居全国之最外，加强知识产权运用和保护的政策也是全国首创。正是在政策的吸引下，黄埔区、广州开发区集聚了一大批掌握核心技术、部分具有国际先进水平的智能装备及机器人产业集群，形成了从上游关键零部件、中游整机再到下游应用集成的智能装备完整产业链条。

在本体及零部件制造环节，黄埔区、广州开发区工业机器人本体产能规模位列全国第一，其中广州数控系列产品连续多年位居全国第一，跻身世界前三，是国内最大的机床数控研发和生产企业，也是全国机器人行业龙头；广州启帆在经济型机器人本体领域国内市场占有率位居全国前三，年产量近5000台；广州数控和广州启帆均入选了中国机器人行业TOP10。在下游系统集成环节，瑞松科技、明珞汽车装备、达意隆、松兴等声名远扬。

产业园区的规划也有效地支撑了企业发展，其中378.5公顷的黄埔智能装备产业园，将重点打造中新广州知识城、云埔工业园和黄埔机械谷三大核心组团。主要发展有自主知识产权、有核心竞争力、有市场前景的"三有"工业机器人，重点支持工业机器人本体、控制器、减速器、伺服电机等关键零部件的研发和应用，并培育发展服务机器人、家用机器人。到2020年，有望实现智能装备企业工业产值达200亿元。

第二节　全球最大工业机器人市场的"核引擎"

"壮岁旌旗拥万夫，锦襜突骑渡江初。"机器人及应用前景用鹏程万里、扶摇直上九天来形容一点也不为过。中国电子学会发布的《中国机器人产业发展报告（2018）》显示，中国工业机器人的市场规模已达到了全球的1/3以上，连续6年成为全球最大的工业机器人市场。世界看中国，中国看广东，广东看广州。广州数控系列产品产销量已多年位居全国第一，跻身世界前三。千亿产业产值规模、龙头企业集聚效应，剑指世界级机器人产业，广州"造机器人之城"的魅力令人欢欣鼓舞。

2018年8月16日，2018世界机器人大会的主论坛启动。工业和信息化部副部长辛国斌在论坛上表示，中国已连续6年成为全球第一大机器人应用市场，预计到2020年中国机器人需求将占全球需求的40%，这将深刻影响中国制造业，使中国在全球更具竞争力并实现可持续发展。

巡检机器人、装配机器人、打磨机器人、喷涂机器人……近年来，各种工业机器人的"大名"越来越多地出现在工业制造企业管理者口中。在广东制造巨头格力电器、美的、格兰仕等的生产线上，工业机器人已成为标配，而无人车间的监控和管理，将成为先进制造企业的常态。

这样的现象在广州也将成为常态。当全球最大工业机器人市场连续五年"花落"中国，制造业大省广东成为国内最大的工业机器人生产基地，其省会广州凭借2019年预计智能装备及机器人产业产值将达1000亿元的巨大市场动力源，成为全球最大工业机器人市场的"核引擎"，释放着源源不断的智造需求及智能产品。

2019年1月，笔者走进广州工业机器人"明星"企业，探究背后的发展之路。"这是智能巡检机器人，已经广泛应用在大中小型电站的智能监控和巡检中；而这台则是用于喷涂工序的机器人……"置身国机智能科技有限公司的展厅，各式各样的工业机器人让人目不暇接，国机智能运营总监梁万前的介绍同样让人大开眼界。

正如著名诗人冰心所言："成功的花，人们只惊慕她现时的明艳！然而当初她的芽儿，浸透了奋斗的泪泉，洒遍了牺牲的血雨！"即便如今"横扫千军"，但看着国机智能"长大"的董事长黄兴，说起起步阶段的步履维艰仍深有感触。

"1983年12月29日，我们的广州机床研究所研制出了我国第一台工业机器人。"黄兴说，但受限于我国工业发展程度，"实际上到21世纪的第一个10年，工业机器人都谈不上在行业里有什么实际应用；到2009年之前我们都找不到发展方向"。

资料显示，国机智能创建于1959年，以广州机械科学研究院为主体，由中国机械工业集团与广州市政府共同投资组建，于2015年12月25日揭牌成立，注册资本10亿元。2009年，黄兴率队到美国考察制造企业工厂。这

位后来成为中国工业机器人产业联盟理事、广东省工业机器人产业联盟副理事长的科技专家，非常有远见地意识到——中国未来制造业的发展需要大量工业机器人。回国后，黄兴决定带领整个企业转型，全身心地投入到工业机器人的研发制造中。正是这个前瞻性的决定，令国机智能抢占了工业机器人研发生产的先机。

表 8-2　广州工业机器人"明星"企业——国机智能三大业务板块

第一板块·机器人	第二板块·检测	第三板块·机械
国机智能致力于研究和发展机器人及关键零部件、智能装备、智能制造技术和相关产品，为工业客户提供系统的解决方案	凭借雄厚的技术实力、先进的检测手段，为客户提供权威快捷的机器人检测、汽车零部件检测、油液与设备状态检测等检验检测、认证评价与技术咨询服务	在机械基础技术、基础元件、基础工艺领域拥有技术和产品优势、密封、润滑、密封胶、液压、光机电一体化等方面的研究与开发位居国内先进水平

经过60年的产业布局，国机智能目前在广州、北京、苏州等地设有子公司及产业基地。该企业机器人本体产品的国内市场占有率排名第二，工业机器人及智能制造产业销售规模在全国居第二。

国机智能的工业机器人产品主要销往全国范围内的中小企业。黄兴介绍道："客户占比最大的是中小企业，当然也有一些电力、车船制造等行业的央企。现在国家大力发展工业互联网，我们在这个过程中也希望能够为中小企业提供一体化的智能解决方案。"

在广州，像国机智能这样优秀的"明星"工业机器人企业已有一大批。当前，广州智能装备及机器人产业规模已逾500亿元，而按照规划，到2019年，广州预计智能装备及机器人产业产值将达到1000亿元。

"近三年来，工业机器人迎来了爆发式增长，2018年广州机器人智能装备产业规模就可实现两位数增长。"广州市社会科学研究院产业经济所研究员秦瑞英表示，广州产业基础雄厚，制造业起步早、发展成熟，在全国范围内较早地受到劳动力、土地等要素的影响和制约，在这种情况下，制造业向智能化、自动化方向的转型需求就来得比别人早，也来得比别人迫切。

以技术积累为基础，广州数控在机器人本体制造发展之路上起步最早，发展非常好，生产优势突出，已成为中国工业机器人的代表。

广州机器人代表企业的创新"宝典"

1.广州数控——主动转化，找到机器人本体制造的"最优解"

在位于广州开发区云埔工业园的广州数控生产大楼里，一台型号为RB165的工业机器人正在模拟点焊的动作。RB165的减速器、伺服系统、控制系统全部是由广州数控自主研发的，它的功率密度和刚性等关键指标已经达到或超过国外减速器龙头厂商的水平，能满足汽车生产线的精度和刚性要求。

"过去，由于核心技术被国外垄断，我国工业机器人采购价格奇高。"广州数控负责人表示，广州数控成立了两支研发团队，一支团队沿着国外的技术线路进行转化，另外一支团队则着力将广州数控原有的"滚珠丝杆"技术应用在减速器上，"我们涉足工业机器人之初，就下决心要突破核心技术封锁，目前，核心技术水平可以与国际一流水平看齐。"

2.亿航智能——自主研发，闯进全球无人机企业前三强

掌握核心技术，正是广州机器人企业的睿智之处。唯有如此，才能拥有越来越强大的发展潜能，减少被核心技术掌控者淘汰出局的风险。作为广州机器人龙头企业之一，亿航智能是一家集研发、生产、销售、服务为一体的智能飞行器高科技创新企业，被国际权威媒体《快公司》评选为"全球最佳创新公司"，以及全球无人机企业前三强。

亿航智能希望"让人类像鸟儿一样自由飞翔"，然而这并非轻而易举就能实现。正在探寻科技蓝海的亿航，花费3年左右自主研发了其无人机产品的核心风控部分。亿航通过首创GHOSTDRONE智能应用傻瓜式操控、阿凡达体感飞行与VR眼镜相结合的沉浸式航拍观感体验，告别传统厚重的航模遥控器操控方式，使操纵无人机不再是专业人士的"专利"。

3.巨轮智能——合作改良，关键技术达国际先进

众所周知，工业机器人有四大关键部件，包括机器人控制器、伺服驱动、伺服电机、减速器。其中，减速器是一个技术密集、多曲面、高精度的构件，在技术上是最难突破的。

广州另一家机器人企业——巨轮智能股份有限公司，便在工业机器人控制器以及RV减速器等关键技术和核心部件方面取得重大突破，关键技术达到国内领先、国际先进水平，拥有完全自主的知识产权和国际专利。

巨轮创新法门是"引进吸收再改良"，采取国际化技术合作的方法，引进业内领先技术，进行二次创新，从而大大缩短产品研发周期，保证产品研发质量，并保证巨轮产品技术的国际先进性。早前，巨轮投资2亿元建立了行业内唯一由企业自主建设的广州巨轮机器人与智能制造研究院，作为延揽高端人才、开展国际合作、支撑巨轮机器人全球化发展的研发总部。

在技术创新的过程中，广州数控、亿航、巨轮等企业向世界展示出广州智创、广州创新的真正价值。数据显示，广州数控系列产品产销量连续多年位居全国第一，跻身世界前三。2015年，在制造业不景气的大环境下，广州数控逆势增长，工业机器人产销800台，2017年上半年与去年同期增长翻番，两年内有望实现2000台工业机器人的产销目标。

在黄埔区、广州开发区，一个产值数十亿元的智能装备产业集群下，机器人系统集成企业成为机器人产业链中最具活力的元素，助力广州开发区、黄埔区挺起智能装备制造业的脊梁。现在，发展以机器人为代表的智能制造产业，被黄埔区、广州开发区认为是解决当前制造业招工难、产能低等困境的"金钥匙"，同时，也是助推广州迈向"工业4.0"的不二之选。

目前，广州已拥有瑞松科技、明珞汽车装备、达意隆、佳研、松兴电气等知名的系统集成服务企业。其中，瑞松科技的机器人技术与系统集成综合能力在华南地区排名及市场占有率行业领先；明珞汽车装备订单销售额年均增长100%以上，已顺利完成了2亿元人民币的C轮融资，超过前三轮融资金额总和；达意隆是国内唯一一家上市的自动化解决方案提供者，也是亚洲最大的饮料包装设备商。

表 8-3 广州知名系统集成服务企业成就一览

序号	名称	发展与成就
1	广州瑞松科技股份有限公司	机器人技术与系统集成综合能力在华南地区排名及市场占有率行业领先
2	广州明珞汽车装备有限公司	2008年6月注册成立。订单销售额年均增长100%以上，已顺利完成了2亿元人民币的C轮融资，超过前三轮融资金额总和
3	广州达意隆包装机械股份有限公司	1999年成立于南中国最具经济活力的广州经济技术开发区，是国内唯一一家上市的自动化解决方案提供者，也是亚洲最大的饮料包装设备商
4	广州佳研机器人自动化设备有限公司	成立于2008年，是广州松兴电气有限公司下的子公司，是德国EWM焊机、库卡机器人在华南地区的唯一经销商，在地区内享有进行一切EWM销售与商务活动的权利
5	广州松兴电气股份有限公司	成立于1997年，突破了机器人、机器视觉、图像识别及数据传输等关键技术，成功研制出"动车组车底检测机器人系统"，将助力国家"一带一路"建设的全面推进

近年来，广州本土机器人企业发展屡有突破，与上海等国外总部聚集的城市相比，广州自主品牌更多，汽车企业、日产企业、3C企业发展蓬勃，对于工业机器人的需求更为强烈，用户需求拉动了广州工业机器人的快速发展。广州数控，产销量已经连续12年位于国内第一、世界第三。诺信数字的立式加工中心配备国产数控系统，已占据国内市场份额约45%。敏嘉公司的数控内螺纹磨削中心在国内滚动行业的市场占有率排名第一。广州GSK数控系统、三环箭牌机床、信和光栅数显等已成为全国行业知名商标和品牌。

广州机器人制造还在不断加大推进国际合作。广州开发区与以色列机器人产业进了密切的合作，与以色列航天工业集团、广州中以智慧产业投资有限公司、沈阳新松机器人有限公司签署了合作备忘录，中以机器人研究院与以色列教育机器人公司Intelitek签署了合作备忘录，这两大项目已成为广州市中以机器人及智能制造产业基地首批技术示范项目。

第三节　打造中国机服务机器人软件中心区

　　"黄尘清水三山下，更变千年如走马。"激荡风云瞬息万变，智能化开启全新的业态和全新生活方式的服务机器人正成为机器人产业链的重要一环。大数据、物联网、人机交互，使机器人"人格化"，人与机器人合作必将成为发展趋势。从互联网诞生至今，行业中每一次的服务变革本质上都是一次商业整体的降维冲击。在创新技术的赋能下，客户服务的价值将进一步向营销方向延伸，并渗透进用户客服中心管理的方方面面。人工智能技术将通过对人的实时状态信息的追踪，为个性化的服务提供基础。已占据广东工业机器人行业半壁江山的广州市也在服务机器人领域大做文章，打造机服务机器人软件中心区将成为大手笔之作。

　　2019年3月10日—12日，第5届广州国际儿童创新教育博览会在广州国际采购中心举行。巨星行动小麻吉机器人现身博览会，引发众多宝爸宝妈们的点赞：小麻吉，太可爱啦！

　　小麻吉AI儿童智能教育机器人，是巨星行动与新世代智能潮妈——昆凌，联合出品的一款儿童智能机器人，主要定位于0—9岁儿童的陪伴、教育、习惯培养。

　　除了独创的"图像识别+语音交互"AI双引擎，小麻吉AI儿童智能教育机器人还配备全方位识别读中英文绘本功能，拥有完美语音交互、深度自主学习、亲情群聊、百科知识等多项功能，力求为孩子们提供一个系统全面的知识库，让孩子更快乐地成长。

　　在展位上，呆萌的外表及流畅的体验，使小麻吉机器人大受欢迎。许多跟随家长一起参观的小朋友，直接与小麻吉进行语音互动、百科问答，还在现场体验了绘本阅读等功能。体验后的小朋友们，对小麻吉都爱不释手。

　　美丽的羊城广州是新思想、新技术的重要交汇地，服务机器人的"闯入"很快引起了这座城市的兴趣，连2019年的花市也来"蹭热点"。2019年2月2日正值大年二十八，2019广州AI花市正式上线。

广州AI花市共有10个，除了在越秀、海珠、荔湾、天河区开设的传统迎春花市有4个分店外，海心沙"旗舰店"、广州塔"最高店"、永庆坊"西关店"等6个AI花市实体店都一直持续开至2月19日元宵节，成为广州春节期间的"网红打卡点"。

AI花市，既有智能花市之意，又与"爱花市"谐音。创意就是在AI花市内展示由19名知名花艺大师用广州春节时令花材创作的19款待售年花作品，并提前在网上商城开设预售，且全国配送。

同时，AI花市还会设计集声光、花艺装置于一体的炫酷"花房"，其中海心沙"旗舰店"不仅有智能机器人做客服，还特别引进"子弹时间"高科技摄影技术，可为市民现场拍摄、打印立体3D全家福。

2019广州AI花市实体店的机器人Show

1.海心沙"旗舰店"：智能机器人当客服

位于海心沙亚运公园舞台一侧的"旗舰店"，拥有炫酷的外形以及多种高科技玩法。从外观看，它是一个半圆的透明温室花房。从空中俯瞰，整个花房宛如一朵盛放的木棉花。

这里的AI客服是两款可爱调皮的智能机器人——"悟空"和"Cruzr（克鲁泽）"。"悟空"是由优必选与腾讯叮当联合推出的便携式智能机器人，不仅有灵活的运动能力，还具有语音交互、智能通话、绘本识别、视频监控、物体识别、AI编程等强大功能。"Cruzr（克鲁泽）"具备精准的人脸识别功能，拥有12自由度的双臂，能充分模拟人与人之间的交互方式，为市民呈现更加丰富的肢体语言。

2.永庆坊"西关店"：成新网红打卡景点

自永庆坊牌坊往里直走约50米，就能看见AI花市"西关店"。西关店优雅古典的外观、19位大师设计的精美年花以及奇特的AI主题，引得不少游客驻足拍照，这里成为永庆坊新的"网红打卡景点"。

为了体现永庆坊的西关特色，AI花市"西关店"花了不少心思：花房的牌坊是民国时期的风格，配有典雅秀丽的满洲窗，上书"永庆坊"三个隶书大字；花房内部的灯饰选用了缀满彩色玻璃的满洲窗风格。

3.广州塔"最高店"：手机扫码可买年花

临近过年，城市地标广州塔下游人如织。走进广州塔内大厅，便可见到2019年AI花市的"最高店"。只见中间两块电子屏幕上闪动着"邀你过年，就在广州"的宣传语，屏幕右下方细心附上了AI花市的二维码入口，游客用手机扫码便可轻松进入网页，进行年花选购。开放后，机器人与现场游客进行深度互动。

4.公园前"建行店"：扫一扫年花带回家

花市走进忙碌的银行营业厅和人来人往的地铁站，会是怎样的景象？2019年广州AI花市"建行店"在7个分点都摆上了展示架和鲜花，给爱花的市民提供了便利。市民只要顺手"扫一扫"，就能将年花带回家。

除了公园前地铁站和建行省行分店以外，市民可在建行天河支行营业室（天河体育西路111号）、建行海珠支行营业室（宝岗大道157号）、建行荔湾中山八路分理处（中山八路21号）、建行东环支行（环市东路336号）、港湾广场支行（沿江东路410号）找到AI花市的小分点，现场即可扫码订购年花。

5.传统花市分店：与传统花市一同开市收市

AI花市在传统花市中也占有一席之地。市民游客可在越秀花市、海珠花市、荔湾花市、天河花市内找到它们的踪影。传统花市内的AI花市于2019年2月2日正式开放，与传统花市一同开市收市。

广州不仅将服务机器人"嫁接"到教育和花市领域造就了"网红"，还让其渗透到政务服务中去，方便市民办事。2018年12月21日上午，广州供电局举办"智能客服"第二届数据应用创意节，各种大数据与人工智能的电力服务运用技术亮相，更吸引了来自全国5个省以及广州供电局内部共计63支优秀团队，报名参与65个项目的竞赛。

"在战略性新兴产业方面，广州已聚焦新一代信息技术、生物与健康、高端装备制造、新材料、新能源与节能环保、节能与新能源汽车等领域，形成一批重大战略产品，培育及壮大一批创新型产业集群和龙头、骨干企业。到2020年，广州要形成年产10万台（套）工业机器人整机及智能装备的产能规模，80%以上的制造业企业将应用工业机器人及智能装备。"广州机器人制造与应用产业联盟负责人表示，粤港澳大湾区智慧产业正蓄势待发，加速孕育新一轮科技革命和产业变革。智慧交通、智能制造、智慧医疗、智慧教育等将成为大湾区智慧产业的主要抓手，服务类的机器人也在各个领域广泛应用，推动了广州服务类机器人产业的蓬勃发展，广州正在打造中国服务机器人软件中心区。

作为产业园示范平台的广州国际机器人中心现已启用。广州国际机器人中心位于广州开发区科技企业加速器B2栋，首期总面积为4700平方米，共设有办公区、产品展示区、路演中心、雅法创客空间等四大功能区域，集中了来自以色列和国内最具前沿性、创新性、实用性的服务机器人企业及产品。这里不仅是广州市及广州开发区服务机器人产品重点展示和示范平台，也是行业用户和公众了解前沿趋势、技术和产品的现代科技体验中心。该中心已成功引入了一批具备实力和创新性的机器人企业、金融服务机构和行业服务机构，包括新松机器人自动化有限公司华南总部、广东亚克迪智能机器人科技有限公司、广州金控智能制造产业投资基金管理公司，广州中以智能制造创业投资基金、深圳市华丰世纪投资（集团）有限公司、广东美基沃得科技有限公司、广州迈康信医用机器人科技有限公司等10多家企业。

据统计，在服务机器人软件领域，广州已经自发形成了一定的产业聚集，并在服务机器人平台及应用软件、解决方案、人工大脑、整机研发与集成等方面培育了一批标杆企业和初创企业，广州零号软件科技有限公司、广州灵聚信息科技有限公司、广州映博智能科技有限公司等佼佼者就是其中的代表。

国内应用软件领域知名度最高——广州零号

广州零号软件科技有限公司成立于2015年3月，是一家专注于服务机器人应用软件开发、行业应用集成的初创企业，并且有针对健康养老行业的服务机器人本体硬件解决方案，研发设计了国内首台健康服务机器人。拥有三大软件产品系列："机器人基地"多服务机器人通讯管理与协同工作管理应用软件；"机器人管家"服务机器人与智能家居连接中间件；"机器人医生"健康服务机器人支撑平台与应用软件。广州零号是法国Aldebaran机器人公司NAO机器人的软件开发合作伙伴与代理商，也是软银Pepper机器人在中国的软件开发合作伙伴与代理商，还与科沃斯商用机器人、海尔克路德机器人、广州派宝机器人、成都黑盒子机器人、深圳狗尾草机器人、北京云迹机器人等多家机器人公司签订战略合作协议，开发基于商用场景的机器人应用软件系统。经过三年发展，广州零号软件成为国内服务机器人应用软件领域知名度最高、人机交互研究涉足较早、已经开始行业应用场景落地的公司。

研制首个安保机器人大脑——灵聚智能

广州灵聚信息科技有限公司（灵聚智能）于2013年成立，专注于人工智能核心技术认知计算相关技术研发，公司的核心产品为灵聚人工大脑，是将语义分析、知识图谱和认知计算等技术有机结合在一起的算法和数据集群，主要实现自然语言交互、自学和认知等功能。灵聚人工大脑在商用级人工智能技术领域处于先进水平，已被多家国内外知名企业和机构采用。日本软银机器人官方唯一推荐的机器人NAO中文商用化解决方案就是灵聚人工大脑NAO套件。世界机器人大会期间，时任国务院副总理刘延东和时任国家副主席李源潮莅临灵聚展位，亲自体验了灵聚人工大脑技术。目前采用灵聚人工大脑技术或服务方案的机构包括国防科技大学、IBM、Intel、软银机器人、海尔、康力优蓝、瑞芯微、中兴通讯、神州云海等机器人、玩具、智能家居领域的几十家企业。在深圳机场上岗、由国防科技大学研制的我国首个安保机器人AnBot采用的就是灵聚人工大脑。

产品出口全球五大洲——映博智能

广州映博智能科技有限公司成立于2013年，是一家以机器人独有技术为核心，致力于服务型智能机器人的高科技企业。映博智能一直专注于远程呈现机器人的自主研发和生产，综合竞争优势在国际上处于领先水平。

派宝机器人是广州映博智能科技有限公司推出的服务机器人品牌。派宝机器人围绕多个典型场景形成了丰富的产品线，其中包括X系列机器人管家、P系列商用机器人、U系列陪伴机器人和T系列桌面机器人。派宝机器人在国内的线下代理商达180家，遍布全国30多个省、市、自治区。同时，派宝机器人还建立了天猫旗舰店、淘宝官方店、京东自营、京东旗舰店、苏宁易购旗舰店、360商城等多个网络销售渠道。此外，派宝机器人的销售渠道遍及欧美、亚洲等多个地区，并成功出口各系列产品至全球五大洲的多个国家和地区，成为众多国内外知名经销商的重点采购目标。

广州市政府正在服务机器人产业政策引导、资源和资金支持、产业园区规划建设、服务机器人生态链建设等方面多管齐下，推动服务机器人软件中心区快速的发展。

中国机器人制造与应用产业联盟负责人指出，目前全国各地已经开建40多个机器人产业园，但大部分都是以工业机器人为主，涉及服务机器人的并不多，而且，专注在服务机器人软件企业服务的产业园仍是一片空白，龙头企业引领作用表明，广州最有可能成为中国服务机器人软件的中心区，形成服务机器人软件开发企业集中地、服务机器人软件交易与运营服务的中心，并带动服务机器人研发、生产、销售的增长，从而奠定在国内服务机器人产业分布中的核心地位。

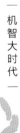

新局：机智时代

第九章

国际大会：链接全球最强大脑

 没有一种伟大思想是在会议中诞生的，但已有许多愚蠢的思想在那里死去。

——美国作家　斯科特·菲茨杰拉德

 如果世上没有天才，苹果会落在谁的头上？如果天才没有梦想，看不到星空的凡·高还是否会梦见燃烧的向日葵？那一瞬间的勇敢，让天才觉醒。跌倒、挣扎、燃烧、涅槃。每一束光芒，绽放天才的梦想，用情义杀出重生的血路。没有硝烟，我们也能赢得这一战！

——央视《最强大脑》宣言

第一节　机器人国际大会的饕餮盛宴效应

环球凉热，四海同归。群贤毕至，共襄盛举。

在人类社会的发展进程中，任何一次国际大会都会引起时人的关注，成为一个关注的焦点。国际会议起源于中国，春秋战国时期，曾进行过一次又一次的诸侯国集会的实践。公元前651年，齐桓公和宋、鲁、卫等国的诸侯在葵丘（今河南兰考）会盟。公元前564年的"弭兵之盟"，参加的代表达14国之多。在西方，荷马史诗《伊利亚特》中已有各方召开会议讨论战争或媾和问题的描述。在古希腊则举行城邦之间的邦际会议。闻名史册的"近邻同盟"，每年定期召开两次全体会议讨论共同关心的问题，并作出有约束力的决定。这些集会被视为国际大会的雏形。

2017年9月20日，新加坡南洋理工大学机械与宇航工程学院副教授、博士洪维德带着他的团队，取道广州来到了佛山市禅城区。南洋理工大学是新加坡一所科研密集型大学，在纳米材料、生物材料、功能性陶瓷和高分子材料等许多领域的研究享有世界盛名，为工科和商科并重的综合性大学。在亚洲大学排名榜上南洋理工大学名列第一。该校还是国际科技大学联盟（简称"G7联盟"）的发起成员

两天之后，在由广东省佛山市禅城区政府联合三航工业技术研究院共同举办的"2017机器人国际大会"开幕式上，洪维德做了专题的发言，指出人工智能技术被认为具有"改变未来"的可能性，机器人大会以此为主题，吸引全球知名人工智能专家共聚广东省佛山市禅城区，为这个城市发展未来产业开启了无限可能性。禅城区以机器人大会的形式，打造了一个让科学家们聚集在一起的平台，让参与大会者可以深入了解佛山的城市和人才环境。洪维德还携带三个医疗机器人项目前来寻找合作机会。

在这次大会上，洪维德只是其中的一名代表。这场盛会以"人工智能·改变未来"为主题，全球共有22名机器人与人工智能领域的顶级科学家出席。他们皆在机器人、人工智能、智能制造领域做出了突出贡献并取得了国际公认的重要成就，其中大部分拥有IEEE会士/IAPR会士/SPIE会士/欧洲科学院院士等学术荣誉。

大会共两天，主要设有开幕式、科学家主题演讲、高端交流研讨会、国际创新项目成果展四个环节。大会就"机器人技术带动各行各业蓬勃发展"展开深入对话，探讨技术与市场契合点，推动人才创新项目与企业开展

实质性合作，被视为是广东珠三角制造业的一场顶级盛事。据统计，这次国际大会汇集机器人领域全球100强企业和国内知名创新企业超过800家，涵盖工业机器人、农业机器人、特种机器人、空中机器人、人工智能等多个领域，来自库卡、安川、谷歌、亚马逊等知名企业高管以及国内机器人领域创新企业家都参会。与会专家带来的项目和团队在技术方面均为国际领先。

大会主席、香港科技大学机器人学院院长王煜表示，这次大会，将为粤港澳大湾区各行各业发展机器人提供国际化平台，希望各界通过这次大会，能够博采学术、增进交流、开阔视野、收获友谊。

Science机器人国际联盟大会授权代表、三航工业技术研究院院长杨金铭说："我们希望将 Science机器人国际联盟大会打造成国际一流的机器人大会品牌，而禅城区作为佛山的中心主城区，能够吸引国际化的人才和技术落户。因此，今后我们将持续以禅城为落脚点，搭建一个国际化的机器人联盟平台，对接世界一流人才技术和项目，为佛山、珠三角乃至整个中国制造业转型升级提供智能技术支撑。"

第二节　由"自力更生"迈向"国际资源整合"

真正具有现代意义的国际会议，当推17世纪中叶在德国召开的威斯特伐利亚和会。这次会议神圣罗马帝国、德意志新教诸侯、瑞典、法国、西班牙等都派代表参加，经过艰苦谈判签署了《威斯特伐利亚和约》，从而结束了使欧洲人民饱经战乱之苦的"三十年战争"，产生了重要的影响。威斯特伐利亚会议开创了国际会议解决重大国际问题的先例。此后，国际会议的实践得到不断丰富。国际会议主题延伸到政治、军事、外交、经济、文化、社会事务等各种领域。机智大时代的大脑峰会则赋予国际会议全新的内容和内涵。

目前，国际上把机器人产品分为两类，第一类机器人是传统自动化设备，大部分用于生产线某一环节，例如喷涂、焊接等。当前，中国的机器人企业大多在"主攻"这一类生产环节。而企业要"攻"下这一类机器人产业，仍面临很大挑战。这类机器人的生产技术，我国仍在低端水平徘徊，减速器、伺服器、末端抓手这三大核心部件，仍被国外垄断。

其次是服务机器人，主要是B2C（商对客）类型的。随着我国人口老龄化越发明显，服务机器人在中国拥有巨大市场，这是我们得天独厚的优势。服务机器人和人机协作机器人，本质上是人工智能的末端执行器。有专家大胆预言，十年后中国人可能是工作三天，休息四天。随着人工智能的诞生与发展，这个预言一定会实现。届时，律师、医生等职业都将消失，人工智能代替"白领"，工业机器人代替"蓝领"，而人类将更多从事创造性的工作。目前人机协作机器人不适合汽车等企业的生产线，其客户群应该精准地定位在高端制造方向，依靠智能化、网络化设备和大数据，主要应专注3C、电脑、手机、医药等产品领域。就算在富士康等企业的车间里，人机协作机器人应用程度也仅为25%左右。

与会的专家认为，人机协作机器人的产品性能很大程度上取决于软件控制的水平。人机协作机器人产品的应用设计比工业设计更重要，设计生产一定要对接好客户需求，要为客户提供量身定做和现场设计服务，要依靠系统集成商，只要做到了这一点，我们的反应速度、研发速度一定会超过欧美企业，人机协作机器人也将迅速实现批量生产。

广东美的集团公司现正在探索未来的人机协作模式。作为世界500强企业，2016年美的集团完成对德国工业机器人四大家族之一库卡的收购，并把以色列高创公司（Servotronix）收入版图。库卡工业机器人制造及解决方案水平全球领先，当前，美的正整合库卡资源，不断创新自身工业机器人发展。在美的集团的物流仓库，笔者见到搬运机器人有序灵活地"奔走"，它可以轻松避开障碍，还能快速地顶起重物。随着转型科技集团，美的的机器人产品数量也在逐渐增加，这是实现智能化、提升"智造"水平的一个重要环节。

美的集团IT大数据部门负责人说："目前，在自动化水平上，世界上领先的是韩国、日本、德国。按照每万名工人拥有的机器人数来算，目前全球平均水平是69个，美的现在是100个，希望5年后我们能上升到世界前列。"随着每万名工人拥有的机器人数目越多，制造企业的智能化水平也将提高，而在这个过程中，人机交互能力扮演着重要角色。

美的集团董事长方洪波认为，工业机器人的发展，带来的并不是简单粗暴的"机器换人"，而是人与机器在生活和生产场景中的最佳交互，美的正在探索未来的人机协作模式。

北京大学光华管理学院副教授董小英认为，美的集团公司的智能制造在广度和深度上展现了很高的水平，通过移动技术、大数据、云计算与信息系统打通并覆盖了产业链的各个环节，特别是利用大数据实现多层次的管理决策的数据化和智能化，在行业数字化转型上走在了最前列。

"第三次工业革命是把人变成机器，第四次工业革命是把机器变成人。机器人化是制造业升级的重要途径。""汉德工业4.0基金"创始人、德意志银行亚太区投行原执行主席蔡洪平认为，在第四次工业革命到来之时，中国制造企业要改变原有发展策略，由"自力更生"迈向"国际资源整合"。第四次工业革命将带来许多新机遇。接下来，机器人、电动车、新材料等产业，将成为带动国民经济发展的新增长点。所谓产业升级，就是要推动产业发展从人口红利迈向技术红利。而制造业升级的重要途径就是"机器人化"。如今机器人产业发展速度有多快？从2016年到2019年，全球机器人产业预计将以每年15%的速度增长。另有一组数据表明，自2013年至2019年，中国机器人产业将以超30%的速度发展。目前在工业行业里，我们还找不到具备类似发展速度的产业。尽管中国已占有全球机器人产业三分之一的市场，但机器人普及率仍较低。一般而言，我们以每万人拥有机器人数量作为衡量机器人普及程度的指标。目前德国、日本、韩国等国的机器人普及率比较高，每万人拥有机器人台数在400—600台之间。而中国每万名制造工人只对应68台机器人，仍有很大的提升空间。

佛山市禅城区经济和科技促进局负责人表示，佛山市禅城区发展业的一个最大的优势就是能够吸引人、留住人，这是一个主城区的作用所在。无论社会治安、生活环境、医疗配套、教育配套还是人才政策，禅城区都具备集聚人才的优势，具有发展机器人和智能制造行业的基础。

杨金铭说，"Science机器人国际联盟大会"就是希望通过机器人项目帮助传统产业转型升级。"作为佛山中心城区，禅城传统产业规模大，而且具有扎实的产业基础，推动机器人项目与传统行业接轨有明显优势。"

笔者了解到，自2014年起，包括广东新明珠陶瓷等在内的一些禅城传统产业龙头企业已经开始涉足机器人行业。新明珠联合新润成陶瓷等企业，发起成立了广东丽柏特科技有限公司，主攻陶业自动化改造。而另一家发展迅速的佛山利迅达机器人系统有限公司，则是从不锈钢行业跨界而来。

图灵机器人创始人兼CEO俞志晨认为，目前人工智能、互联网、机器人三个产业正在加速融合，而在未来能融合得最好的就是中国："回顾一下智能手机发展历程，早期的时候除了买手机，我们还会买一堆的数码电子产品，比如说相机、U盘、MP3等，自从智能手机出现之后，我们发现我们口袋里只需要一个智能手机就可以了，其他产品逐渐地被边缘化。其实我们真正做智能机器人这件事情，不是说只是做一个玩具，它更多地承载着一系列的事情。比如说教育学习、生活服务、安防监控，甚至包括娱乐游戏、音响，包括视频投放等服务，我认为它会成为一个整体。今天我们可能看到绝大多数的家用智能机器人，也许都是一个体验还不够的东西。但是从它的发展轨迹来看，它是一个巨大的计算平台。所以很多人认为，智能机器人是一个未来家庭的生活、娱乐、教育、服务的入口，这一点是有很多的逻辑和感性的因素可以遵循的。"

广东省佛山市在全国首创举办机器人国际大会及行业盛会产生的影响是深远的，对孵化优质项目、打造创新经济将会起着决定性的作用。2016年首届"Science机器人国际联盟大会"在广东佛山市顺德区举行，随之就有一大批重要的机器人项目落地佛山——集科普与科研于一体的青少年航空航天梦想城项目落户在南庄镇绿岛湖的机器人创新孵化器基地；集研发、生产、销售于一体的自动化领域高新科技企业锐驰机器人和新加坡南洋理工大学教授团队的康复机器人项目等都被引进了佛山。

杨金铭认为："2017年的大会是一个集前沿科技、产业化项目、国际一流科学家于一体的创新平台，目的在于促进科学家与企业家深度对接，搭建国际人才、技术与本土企业沟通的桥梁。中国本土企业在大会上将获得国际化的人才、技术、项目资源，通过开展深度产学研合作，提升企业的公信力、技术实力，向世界一流企业进发。"

2017年大会还增加了机器人全球技术创新项目征集活动，一批人才与项目将在大会期间进行落地签约，目的就是希望通过大会带来新技术，催生新产业。

据主办方介绍，大会将通过筛选极具价值的国际顶级优质项目进行孵化，助力本土人工智能产业创新化、国际化发展，抢占智能社会发展先机。杨金铭说："按照有关规划，'Science机器人国际联盟大会'将重点帮助佛山乃至粤港澳大湾区打造中国制造中心城市，引进国际一流科学家的研究成果、科技项目、高科技公司等创新资源，开展产学研国际创新的深度合作，促进国际一流项目在粤港澳大湾区落户，催生新产业，创造新经济。"

"'中国制造2025'的核心是智能升级，机器人是衡量现代科技和高端制造业水平的重要标志，也是抢占智能社会发展先机的战略领域。"李凯表示，佛山是珠江西岸先进装备制造业的龙头，禅城是中心城区，要把握发展机遇，充分发挥在先进制造业的优势，借助大会的创新资源和国际影响力，助力佛山打造具有全国影响力的传统制造向智能制造转型升级示范城市。

第三节　广州峰会凸显粤制造蝶变之路

风樯动，龟蛇静，起宏图。神女应无恙，当惊世界殊。

智能引领未来，创新改变世界。人类对于科技的探索与发展从未止步，从"上帝粒子"到"好奇"号火星探测器，从谷歌眼镜到无线充电再到3D打印机……人们的生活和生产正不断走向智能化高效率。今天，海量信息汹涌来袭，IT业和智能化产品继续孕育颠覆性变革。云计算催生大数据，云服务、大数据、移动、社交，人工智能正成为科技发展的大趋势。人工智能的迅速发展已在深刻改变人类社会生活、改变世界。人工智能发展进入一个全新的阶段。

在移动互联网、大数据、超级计算、传感网、脑科学等新理论新技术以及经济社会发展强烈需求的共同驱动下，人工智能正呈现出深度发展、跨界融合、人机协同、群智开放等新特征，从而引发链式突破和集聚发展，推动经济社会各领域从数字化、网络化向智能化加速跃升。

"潮平两岸阔，风正一帆悬。"2017年对于广东机器人产业而言是风起云涌、盛会连连的一年。在广东省佛山市举行机器人国际大会前一个月的8月28日，广州市举行了2017中国（广州）机器人产业创新峰会暨中国（广州）国际机器人、智能装备及制造技术展览会。

这次峰会由中国工业经济联合会、中国机械工业集团有限公司共同主办，国机智能科技有限公司、中国机械国际合作有限公司、广州机器人产业联盟、中国工经联工业经济研究中心联合承办，有来自国家部委、省市政府的领导，中国工程院院士，国内外业内专家，企业家代表等500余人出席。峰会以"智能引领未来，创新改变世界"为主题，重点围绕机器人研究应用、产业发展、创新融合等内容，开展高水平的学术交流和最新成果展示，共建协同创新平台，共同探讨机器人的现状、挑战和发展趋势，为中国机器人产业创新与发展之路献计献策。

2017中国（广州）国际机器人、智能装备及制造技术展览会盛况空前，为期3天的展会吸引了500余家全球知名机器人企业和研究机构参加，中国航天科工集团、上海发那科机器人有限公司、佛山华数机器人有限公司、苏州新代数控设备有限公司、广东欢颜机器人有限公司、爱飞翔创客三维（北京）科贸有限责任公司等企业也携多款新品亮相展会，为前来观展的科技爱好者呈现了一场妙趣横生的科技盛宴。

汽车制造的流水线上，工业机器人已经取代人工，完成生产过程中诸如弧焊、点焊、冲压等工序；工业机器人挥舞着巨大的机械臂，正在对汽车进行整车涂胶。这是展览会上的一幕。广州长仁工业科技有限公司把实实在在的工业机器人搬来了现场。该公司总经理姚振祺说道："我们主要做工业机器人的本体、集成应用线和关键的零部件。我们做的生产线卖给别人是500万元，工厂用它投入生产磷铜球，一个月的产值就可以达到1个亿。以前的人工成本是1500元生产1吨磷铜球，用我们的全自动生产线就只有1000元，而且产品质量非常稳定，不会出差错。"据姚振祺介绍，公司制造的工业机器人产品质量好、效益高、24小时不间断生产，倒逼了180多家生产磷铜球的传统工厂转型。

工业机器人主要用于替代简单重复劳动、危险岗位如搬运、喷涂、码垛、钻孔机器人和物流分拣等低技术含量的工作，并逐步拓展至服务机器人领域。广东品霈机器人科技有限公司渠道部经理黄珠义介绍了一款家庭陪伴机器人，它可以陪伴孩子学习，帮助老人控制智能家居系统，而家人可以通过APP远程控制机器人，和家里的孩子、老人进行交流。黄珠义说："你可以控制机器人走到孩子的房间，查看他的情况，或者直接和他交流。"

据广州市工业和信息化委员会介绍，广州的服务机器人产业基础较为薄弱，有待集成人工智能、机器人深度学习等前沿技术，发展养老助残、家政服务、社会公共服务、教育娱乐等服务机器人。据不完全统计，目前全国机器人企业超过1000家，其中超过200家是机器人本体制造企业，大部分以组装和代加工为主，处于产业链低端。我国国产机器人市场份额仅占约30%，产品基本是三轴、四轴机器人，主要应用于搬运与上下料，附加值较低，高端机器人严重依赖进口，六轴以上工业机器人外国品牌市场份额占85%。

2017中国（广州）国际机器人、智能装备及制造技术展览会展馆面积约5万平方米，展品范围涵盖工业机器人整机、特种机器人、服务机器人、娱乐机器人、无人机、智能穿戴产品、机器人开发平台与软件技术、机器人功能部件及零部件、机器人应用产品与智能工厂全套解决方案、3D打印技术及相关的智能装备和制造技术。3天时间有超过8万名观众参观。广州市工业和信息化委员会相关负责人表示："本届展会展览面积、参展企业均比上一届增长1.5倍，跃升为全国最大的机器人与智能装备展。"

在峰会上，中国机械工业联合会副会长朱森第做了"我国机器人产业的前三十年与后三十年"的主题演讲。朱森第从第一台国产工业机器人的诞生入手，回顾梳理了我国机器人产业前三十年的发展历程，系统总结了机器人产业发展存在的问题和不足。对于后三十年机器人的发展，他建议要以创新引领产业发展，变"弯道超车"为"平行超车"甚至"建道超车"，力争使多项颠覆性技术突破来自中国、世界级机器人强企来自中国，实现机器人产业的世界领先。

中国工程院院士李培根指出，"无论是美国工业互联网""德国工业4.0"还是"中国制造2025"，其核心都是智能制造。推进智能制造，是全球工业发展的必由之路，也是中国制造转型升级的主攻方向。智能设计、大数据等若干关键技术则是推进制造业智能化发展的重要突破口。他系统分析了建模与仿真、智能设计、物联网、大数据、区块链、智能机器人、知识工程等七大智能技术的战略意义、发展现状、实施要点，指出这些技术的战略突破和与制造业的深度融合，将实现真正意义的智能制造，将引领和推动新一轮工业革命走向高潮。

全国政协常委、全国政协经济委员会副主任、原工业和信息化部部长、中国工业经济联合会会长李毅中发表了题为"发展工业机器人 推进智能制造"的主题演讲。"目前我国工业机器人产业发展迅速、特点明显，机器人市场需求在持续增大，技术含量逐步提高，带动作用明显增强。"李毅中指出，广东等地在发挥政府指导引导作用，提供政策支持，以及以市场需求为导向，产学研用相结合，在创新、应用上下功夫的做法值得借鉴，但机器人产业的核心竞争力仍不强，技术水平不高，使用密度较低，仍存在低水平重复建设的问题。他建议发展机器人产业要从四个方面着手努力：一是加强政府引导推动，做好布局规划；二是整合研发研制力量，突破核心关键技术短板；三是以集成应用为导向，产学研用相结合，带动产业发展；四是引进、消化、吸收、创新相结合，鼓励国际并购，扩大自主品牌占有。

由中国工业经济联合会和中国机械工业集团有限公司共同发起成立的"中国机器人产业创新智库"也在峰会开幕式上宣告正式成立。智库的宗旨是以平等、开放的互联网思维和模式，集聚机器人及智能制造产业领域的优秀专家学者，形成一个以项目为载体、任务为纽带，智力资源互联互通、共建共管的新型智库，共同推动广东乃至全国机器人产业的新发展。

"作为国家重要中心城市和全国重要的先进制造业基地，广州牢牢把握我国机器人产业发展大势，对接《机器人产业发展规划（2016—2020年）》等国家战略，出台实施《关于推动工业机器人及智能装备产业发展的实施意见》《关于加快先进制造业创新发展的实施意见》等系列政策，每年安排约10亿元专项资金推动智能装备及机器人等重点产业发展。"广州市副市长叶牛平在峰会做了专题发言，"目前，广州已形成从上游关键零部件、中游整机到下游系统集成的机器人完整产业链，2016年全市智能装备及机器人产业规模近500亿元，产值规模位居全国第二，广州数控、启帆2家企业入选'中国机器人TOP10'。本届展会向全国乃至世界展示了广州市制造业的竞争优势，为广州建成珠三角乃至全国智能装备关键设备、技术供应和研发创新中心奠定了良好的平台基础。在中国制造业转型升级的大背景下，从传统制造业向高端装备研发制造迈进，打造智能装备产业之城，广州率先探索'中国制造2025'和'工业4.0'发展路径，成为广州未来发展的重要战略，粤制造正迎来它的蝶变之路"。

第四节　国际大会效应链接全球最强大脑

世界发达国家已把发展人工智能作为提升国家竞争力的重要手段，人工智能成为国际竞争的新焦点。人工智能是引领未来的战略性技术，作为新一轮产业变革的核心驱动力，将进一步释放历次科技革命和产业变革积蓄的巨大能量，并创造新的强大引擎，重构生产、分配、交换、消费等经济活动各环节，形成从宏观到微观各领域的智能化新需求，催生新技术、新产品、新产业、新业态、新模式，引发经济结构重大变革，深刻改变人类生产生活方式和思维模式，实现社会生产力的整体跃升。

2017年机器人国际大会和机器人国际展览成为南粤大地永不落幕的一道风景。继佛山国际大会和广州峰会之后，2017年11月28日，广东国际机器人及智能装备博览会在广东东莞市厚街镇广东现代国际展览中心举行。

这场由广东省经济和信息化委员会及东莞市人民政府主办，东莞市经济和信息化局、厚街镇人民政府、讯通展览公司承办的国际大会，也是华南地区大型的模具、机床及塑胶机械展，展会使用8个展馆，面积达11.6万平方米，展位数6130个，展出高精度生产机械设备，设德国馆及意大利展团。展馆划分为钣金及激光装备展区；金属切削刀具、工具和模具配件展区；模具及金属加工设备、塑胶设备及材料展区；机器人、3D打印、"中国制造2025"和"工业4.0"主题展区；金属、塑料包装机械及工业周边设备展区；铸业和电镀工业、表面处理及涂料等专题展区。参展商达1400多家，参展企业分别来自日本、韩国、德国、美国、瑞士、瑞典、中国大陆、中国台湾、中国香港等国家和地区，其中包括广州数控、巨冈机械、拓斯达、伯朗特、润星科技等国内外及东莞本土知名自动化与智能装备企业，超过11万中外业界代表参加了这次盛会。

　　"星垂平野阔，月涌大江流。"2018年10月30日，2018中国·佛山人工智能与智能制造国际大会在广东省佛山市开幕。这次国际大会由科学技术部、中国工程院指导，中国发明协会、工业和信息化部人才交流中心、中国工程院国际合作局、广东省科学技术厅、广东省人民政府外事办公室、中国人工智能产业发展联盟、佛山市人民政府联合主办，由佛山高新区管委会和中国发明成果转化研究院联合承办。此次国际大会以"新智能新制造"为主题，聚集国内外人工智能领域的院士、专家、企业家共话"人工智能与智能制造"，为推动"佛山制造"向"佛山智造"转型建言献策，并促成了多项战略合作及项目落地。五国院士和专家参会，共同探讨人工智能与智能制造。

　　佛山高新区是全国重要的制造业基地，经过27年的发展，已培育出一批具有支撑引领作用的世界先进制造业集群，成为珠江三角洲国家自主创新示范区的主体园区、粤桂黔高铁经济带合作试验区（广东园）的主要载体，并以科技创新不断反哺带动区域经济发展。装备制造、家电家具、汽车及汽车零配件等传统产业优势突出，新能源、新材料、机器人、生物医药等新兴产业蓬勃发展，形成较为完善的现代工业体系。制造业产业协作和集聚水平较高，产业上中下游之间协同性较强，各主要行业在本地的产业

配套率达90%以上。佛山国家高新区在2018年全国157个单位中（156个国家高新区和苏州工业园）综合排名上升至25名，首次超越珠海高新区。面对智能制造发展新趋势，佛山高新区将凭借人工智能走向中国智造，助力佛山建设国家制造业创新中心，聚力将佛山打造成为具有国际影响力的创新之都。

在大会上，广东省科学技术厅、佛山市政府与英国东北企业合作署三方签署了中英《合作备忘录》，佛山高新区与国内外多个单位成功签约合作推进下一代互联网IPv6应用、中国科学院半导体研究院所合作项目、佛山人工智能创新服务平台项目、中德（佛山）产业园等13个平台和项目。

"这些合作项目为我们在创新驱动发展、产业转型升级上带来前所未有的新需求和新机遇。"佛山高新区管委会负责人表示，佛山高新区将以此为契机，深化人工智能与制造业的深度融合，为制造业赋能，为实体经济助力，加速佛山制造业转型升级，着力打造"世界科技+佛山智造+全球市场"的创新发展模式。

在持续3天的大会中，虚拟现实、类脑智能开放平台等一批来自中关村、港澳台人工智能领域的前沿项目轮番展演，寻找在佛山落地对接的机会。这也透露出佛山高新区积极抢占人工智能产业的信号越来越强。在紧抓机器人产业发展的同时，佛山高新区已对人工智能产业做了提前布局。已引进华中数控、埃斯顿、埃夫特、新鹏等50多家机器人生产与集成企业，打造了"核心技术研发—机器人本体—机器人集成—机器人应用—工业大数据"的完整产业创新生态。

"这是纯国产协作机器人，从操作系统到应用软件，从控制器到核心零部件，都是我们独立自主研发的。"遨博智能机器人项目负责人在展台上推荐自主研发的新产品，遨博智能机器人安全可靠、自主可控，特别适用于国防、军工等装备自动化生产。虚拟现实与建模仿真智造、双足大仿生机器人、人工智能计算能力、类脑智能开放平台等多个高精尖人工智能项目在现场一亮相，就吸引住了全场的目光。另一场港澳台人工智能项目展演上，AR智能学习沙盘、surfwheel陆地冲浪板等项目也引人关注。

"作为国内科技成果转化的重要载体之一，我们利用中关村人工智能技术、人才、项目等高端资源，促进中关村高精尖企业和技术对接佛山产业，并助推项目落地。"中国发明成果转化研究院院长钱为强说，中国制造业在快速发展的同时，也面临着产业结构重复、研发能力薄弱、传统企业转型升级等问题。对接活动旨在推进国际尖端人工智能科技理念与中国企业在工业智能化与自动化升级、生产制造等多个方面进行沟通交流，并探寻建立合作伙伴关系和落地生根。本次展演活动吸引了近百家佛山本地人工智能、先进制造及相关产业企业参与，有多家投资机构和企业家对展演上的相关项目表达了强烈的投资和产业落地的合作意向。

"佛山是广东的制造业大市，佛山围绕着'人工智能+智能制造'来积极地开展、探索、实践，在产业的转型升级和培育新兴业态方面走出了一条新路子。"广东省科技厅副厅长杨军表示，这次大会汇聚了人工智能与智能制造领域的众多顶尖专家、企业家和国际机构，最权威的观点和共识将在这里得到交流和碰撞，通过全球视野为佛山发展取经问道，为广东乃至全国制造业的转型升级提供一个丰富生动的"佛山方案"。

"院士论坛"是此次大会最重磅的一个环节。在大会上，来自5国的院士、众多专家做了主题演讲，围绕人工智能与智能制造展开了观点的交流和碰撞，用全球视野为佛山发展建言献策。

中国工程院院士、中国发明协会理事长潘云鹤说："基于社会智能城市、智能制造等新的社会需求，人类信息环境及人工智能的目标发生变化，人工智能快速换代，即将进入2.0时代。人工智能2.0已经萌芽，出现大数据、群体智能、人机融合增强智能、跨媒体智能、自主智能等多个技术端倪。在国家规划的指导下，中国的很多部门、很多地区和很多企业都在制定自身的新一代人工智能发展规划，相信中国的人工智能技术和产业一定能够促进我们的经济和社会走向一个高质量、高水平的快速发展期。"

德国国家科学工程院院士奥泰因·赫尔佐格则认为："人工智能可以颠覆商业模式。人工智能的方法，包括信息物理系统以及物联网，它能够推动制造以及物流流程在各个方面实现数字化，还可以颠覆商业模式，融入全球的工业网络，还可以使用全球服务平台，并且可以依托开放可持续的生态系统，这意味着我们可以加快数字化、智能制造、智能物流、智能服务以及智能商业模式的流程。"

潘云鹤

中国工程院院士，国家新一代人
工智能战略咨询委员会组长

奥泰因·赫尔佐格

德国国家科学工程院院士，不来
梅大学研究教授

卢超群

美国国家工程学院院士，美国斯
坦福大学电机系博士

费尔南德斯

联合国教科文组织全球执行委员，
英国联合国教科文组织副主席

威尔比

英国东北企业合作署创新总监，
前欧盟委员会专家组成人员

朱英燮

韩国国家工程院制造业创新特别
委员会主席，韩国大学杰出教授

贝尔

英国联合港口控股集团高级战略顾问，加拿大政府国际事务顾问

王田苗

北京航空航天大学机器人研究所名誉所长，智能技术与机器人、iTR 实验室主任

美国国家工程院院士卢超群提出了"异质整合系统"的观点。他认为推动半导体发展的主要因素是异质整合技术，"我们在此方面的研究已进行了60年之久。比如在一块地上我们可以建一座摩天大楼，现在我们利用这个技术在设备上建摩天大楼，里面有很多模块，每一个模块都是互相集成的，而且都有着不同的功能。"随着半导体技术，尤其是纳米级半导体技术的发展，异质整合技术将会给人类生活带来超越摩尔定律的巨大影响和推动力。

"大数据提升生产力。"联合国教科文组织全球执行委员费尔南德斯教授表示，"人类和机器，使用人机互动或人机界面是AI的两个维度。人工智能已经从'协助智能'的1.0时代进入'增强智能''自动智能'的2.0时代。我们为什么要采用AI？当讲到AI崛起的时候，更多是人类、机器、决策等抽象概念的扩散、普及和应用，'在未来它们就会变成非常具体的场景'"。

韩国国家工程院制造业创新特别委员会主席朱英燮博士强调："第四次工业革命对于企业主要的影响是技术创新带来的商业模式的创新——从大规模化的生产以及消费，向定制化转变。我们可以利用大数据、人工智能、机器人等制造的创新，以适应第四次工业革命的浪潮。单凭一个国家的力量很难推动第四次工业革命的发展，因此需要各国政府在研发、人力资源开发、商业拓展、建立生态系统等方面进行进一步的合作。"

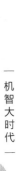

机智大时代

第十章
千亿目标：中国（广东）机器人集成
创新中心

随着人工智能对商业的不断改变，到2025年，有近50%的现有职业将完全多余。成排摆放办公桌的工作场所将变得完全多余，这不是因为不符合实际用途的需要，而是因为需要本身已不复存在。

——胥祥忠　崔石磊《给你自由：非制式时间管理》

我们已经适应了这个人工的世界，关键不在于材质，而取决于关系，人与机器人之间并没有严格的界线。

——石黑浩《人工智能真的来了》

第一节　建集成创新中心撬动千亿规模产业

"阳春布德泽，万物生光辉。"南方的春早，挺拔的木棉已迎风绽放。几场春雨之后，千年古镇佛山百花盛开，粉红的宫粉紫荆在道路两旁争奇斗艳，色彩斑斓的风铃木让城市变得多姿多彩。像碧绿绸带一样的母亲河汾江河绕城静静流淌，在一种气定神闲中解释放着绵长而持久的力量。南海千灯湖中央公园滨水景观绿意盎然，作为广东四大名山之首的西樵山麓在这春风春雨春花春光里展现无限的活力和魅力！这一如机智时代的发展路径，热烈而奔放。

人工智能机器人产业创新创造是2019年佛山发展的热词。

作为制造业大市的佛山，机器人产业正在快速推进。2018年3月28日，工业机器人产业"四大家族"之一的库卡，直接在佛山顺德建设面积达1200亩的智能制造基地。2018年9月，占地10平方公里、投资800亿元的机器人谷项目落地顺德，计划引进10000名全球顶级机器人专家及研究人员，打造机器人全产业链高地。

据前瞻产业研究院《2018年机器人产业发展研究报告》披露，当前珠三角地区机器人科研机构绝大部分集中在广州、深圳、东莞和佛山等地，并以高校实验室、智能机器人研究所等类型为主，拥有较强的学术研发与产业应用能力。而珠三角机器人研发则以突破机器人关键核心技术为重要目标，期望政产学研用通力配合，全力突破技术瓶颈。在佛山创建的中国（广东）机器人集成创新中心，借力中国工程院、华中科技大学等科研院所创新资源，扶持重点企业，通过资源的整合，打造政产学研用协同创新载体，推动机器人技术与产业的自主创新突破，引导机器人相关企业实现共同发展，已成为广东智能革命的典范之作。

让时光回到2016年10月20日，"中国（广东）机器人集成创新中心"在佛山高新区正式揭牌启动。中国（广东）机器人集成创新中心产业园占地面积约173亩，包含办公楼面积1.2万平方米，标准厂房面积6.4万平方米，被打造成为具有国际化理念的机器人产业园，助力佛山高新区冲刺全国20强。经过三年的发展，目前，该产业园区进驻率超75%，下一步将通过"三旧改造"的方式，建设新的产业园区，吸引更多机器人企业集聚。

这是率先建成的国内首个工业机器人示范应用集成创新基地，链接全球创新资源，并为国产机器人探路。集成创新中心将以市场为导向，并把"互联网＋先进制造业＋现代金融业"有机融合，并充分将高新区的大学

城和佛山教育系统利用起来，完善机器人专业教育、机器人和智能制造的人才培养体系，通过资源的整合，达到更好的"产学研金政"协同创新载体，最后依托佛山国家高新区，在佛山建成中国（广东）机器人集成创新示范区、集聚区。

表 10-1　中国（广东）机器人集成创新中心建设规划表

创新中心规模	占地面积约 173 亩，办公楼面积 1.2 万平方米，标准厂房面积 6.4 万平方米
发展战略	以市场为导向，加速"互联网＋先进制造业＋现代金融业"有机融合
人才培养体系	将高新区大学城和佛山教育系统结合，完善机器人专业教育、机器人和智能制造的人才培养体系，打造"产、学、研、金、政"协同创新载体
发展目标	依托佛山国家高新区，把佛山建成中国（广东）机器人集成创新示范区、集聚区
建设重点	拟推出三大"创新"中心、三大"创业"中心、三大"品牌"工程、十五项行动计划
产值目标	到"十三五"规划期末，拟撬动全社会投入机器人及智能制造产业超过 1000 亿元，新引进、新成立机器人企业和相关智能制造企业 100 家，实现自主品牌工业机器人年产量 1 万台，带动机器人应用累计达到 3 万台

"佛山雄厚的制造产业中，中小微企业占据着相当大的体量，这部分企业并无太多固定资产可供贷款，在提质增效需求以及融资难这对矛盾的冲突下，佛山高新区此次以金融手段推动本土制造业的转型升级，是建设中国（广东）机器人集成创新中心的一大亮点。"佛山国家高新区负责人称，为了支持该中心和机器人产业的发展，南海区财政设立了机器人创新专项资金和投资引导基金，从2016年到2019年每年投入3亿元，累计达到9亿元，以支持机器人产业的发展。同时，借力广东金融高新区以金科产融合推动机器人产业发展。佛山高新管委会与佛山海晟金融租赁股份有限公

司签署《支持机器人集成创新中心开展金融租赁合作协议》，海晟将安排授信总额100亿元，支持中小企业"机器换人""量身定制"提供融资租赁服务。此外，佛山市机械装备行业协会、佛山海晟金融租赁股份有限公司、广东粤科融资租赁有限公司三方也共同发起签署《建设珠西装备制造按揭中心合作框架协议》，力求以金融手段推动本土制造业的机器人应用及自动化升级。

时任佛山市委常委、南海区委书记黄志豪介绍，中国（广东）机器人集成创新中心由广东工业大学、武汉华中数控、清华珠三角研究院等联合启动建设，并搭载由佛山智能装备技术研究院、广工大数控装备协同创新研究院等创新平台联合建立的一套机器人创新体系。希望通过"中国（广东）机器人集成创新中心"充分运用机器人技术，推动南海区制造业向品质制造迈进，集成机器人的研发、生产、应用，打造一批珠江西岸装备制造业龙头企业。希望由此平台，协助南海制造业从"品质南海"提升为"品牌南海"，通过政府推动、市场运作、企业主体，打造一轮"太阳"。

黄志豪指出："全国机器人集成创新中心，重点在于集成。机器人的生产与研发，目前主要集中在北上广深，南海发展机器人产业，如果要拼研发能力肯定不如他们。所以我们瞄准的是机器人的集成，就是帮助企业解决生产线的改造问题，提供成套生产线改造方案。"

2016年10月，佛山市南海区在狮山镇启动了中国（广东）机器人集成创新中心的建设，并启动了机器人集成商的孵化器。南海要打造的全国机器人集成创新中心，这是南海区搭建的一个大平台，相当于一个树干，而中国（广东）机器人集成创新中心只是其中的树枝。未来，南海还将引入更多的机器人集成创新企业或机构，实现政府搭台，企业唱戏，目标是成为机器人集成商的集聚区。为了推动全国机器人集成创新中心的建设，南海还专门成立了珠江西岸装备制造按揭中心，以此集聚全国更多金融租赁、融资租赁机构到南海开展业务。

中国（广东）机器人集成创新中心内涵丰富，拟推出三大"创新"中心、三大"创业"中心、三大"品牌"工程，十五项行动计划。到"十三五"规划期末，佛山市南海区拟撬动全社会投入机器人及智能制造产业超过1000亿元，新引进、新成立机器人企业和相关智能制造企业100家，实现自主品牌工业机器人年产量1万台，完成20个典型领域机器人综合应用解决示范方案，带动机器人应用累计达到3万台。

"这一系列工作的启动，对整个珠西制造业的升级换代将是一个龙头的带动，对全国实现'中国制造2025'也会是一个重要的示范。"中国工程院院长周济说，佛山提出了全力打造国家制造业创新中心，制定了推进机器人及智能装备应用"百千万工程"工作方案，佛山高新区启动建设"中国（广东）机器人集成创新中心"，将率先在国内形成首个工业机器人示范应用集成创新基地，对佛山实现"机器人+智能控制"的示范创新应用是一个重大的突破。作为珠江西岸先进装备制造产业带上的龙头，佛山要实现制造业的突破，"机器人+智能控制"就是一个主攻方向。佛山必须是一个创新中心。这个创新是以机器人的集成创新作为一个突破。"为实现这些目标，中国（广东）机器人集成创新中心建设需要注意几个重点：首要的是一定要以应用、以市场为导向，用应用研发来实现集成创新的突破；此外，要把"互联网＋先进制造业＋现代金融业"深度地融合起来。

"依托广东金融高新区这样一个金融平台和雄厚的民间资本，创新一个新型产业模式，建设智能装备的金融平台，建设一个制造业的金融平台。"周济说，该中心建设还须充分利用佛山高新区的大学城和佛山教育系统，完善机器人专业教育，在人才培养方面加大创新力度，完善整个机器人和智能制造的人才培养体系，通过资源的整合，达到更好的产学研金政协同创新载体，依托佛山国家高新区，在佛山建成全国机器人集成创新示范区、集聚区。希望佛山能够充分发挥自己制造业基础雄厚的优势，利用本身的新产业和各种传统产业，包括家电、机械装备、家具、汽配等特定领域的产业，当然最重要的是机械装备产业，在传统优势产业领域、在机器人的集成创新应用上，一个产业一个产业地推进，逐步建成行业集成应用的核心示范区域。

"到'十三五规划'期末，撬动全社会投入机器人及智能制造产业超过1000亿元；新引进、新成立的机器人企业和相关智能制造企业100家，实现自主品牌工业机器人年产量1万台。"2017年3月6日，佛山市南海区发布《南海区建设中国（广东）机器人集成创新中心行动方案》（以下简称《行动方案》），从而有序推动中国（广东）机器人集成创新中心的建设。

南海《行动方案》提出的目标还包括：完成20个典型领域机器人综合应用解决示范方案，带动全区机器人应用累计达到2万台；培育高新技术企业1000家，培育100亿元以上产值大型骨干企业力争达到2家，培育10亿元以上产值企业力争达到30家；以创新驱动促进产业升级，先进制造业增加值占规模以上工业增加值比重、高新技术产业增加值占规模以上工业增加值比重完成市下达任务，全区工业总产值迈入1万亿元大关。

《行动方案》提出"自主创新突破"计划。除借力中国工程院、华中科技大学等高校和研发机构的创新资源外，南海将设立机器人核心技术攻关专项资金。区财政每年设立1000万元的专项资金，对研发工业机器人本体、控制器、伺服电机、减速器等关键零部件项目，以及开发机器人数控系统、应用集成系统等并产业化而形成对国产工业机器人技术支撑的项目给予补助；同时，打造以机器人智能终端+云服务平台为基础的智能制造创新中心，为工业制造企业提供全方位解决方案；支持建设"互联网+机器人"众创空间、"互联网+机器人"服务平台和解决方案平台等。

根据《行动方案》，南海区还将大力引进机器人及智能制造领域的领军人才落户南海，组建"机器人智库"，汇聚一批国内外机器人名家、知名教授、企业家等建成顾问团队；将引导机器人相关企业组建产业联盟，以产业联盟为牵头，建设机器人专利池，实现机器人技术开放共享和互惠互利，形成自主创新机器人的有力保护。

表 10-2　南海区建设中国（广东）机器人集成创新中心行动方案表

总体目标方案	完成 20 个典型领域机器人综合应用解决示范方案，机器人应用累计达到 2 万台；培育高新技术企业 1000 家，培育 10 亿元企业达到 30 家，全区工业总产值迈入 1 万亿元大关
自主创新方案	除借力中国工程院、华中科技大学等高等院校和研发机构外，每年设立 1000 万元的专项资金，补助项目研发

续表

人才行动方案	引进机器人及智能制造领域的领军人才落户南海，组建"机器人智库"，引导机器人相关企业组建产业联盟
发展区域方案	以南海区狮山镇桃园东路为主线，东起禅炭路，西至佛山一环西线，打造机器人创新产业园
应用创新方案	针对汽车制造、铝型材、陶瓷、纺织、家电、家具、包装、内衣等优势产业，建设20个典型领域机器人综合应用解决示范方案。建设机器人集成创新孵化器，完善机产业链

《行动方案》确定了以南海区狮山镇桃园东路为主线，东起禅炭路，西至佛山一环西线，打造机器人创新产业园。《行动方案》还提出了"应用创新推广"计划。针对汽车制造、铝型材、陶瓷、纺织、家电、家具、包装、内衣等优势产业，率先推动一汽大众、志高空调、坚美铝材等标杆企业，建设20个典型领域机器人综合应用解决示范方案，对率先开展国产机器人生产示范线建设的龙头企业给予政策扶持；通过实施重大科技专项、技术改造等方式，支持企业围绕机器人应用为主的全生线线的工业自动化升级改造，从而推动一批产值超百亿元和十亿元的先进制造龙头企业的形成。同时，建设机器人集成创新孵化器，培育一批本地系统集成企业，实现机器人应用的定制化需求，不断完善机器人产业链。

第二节 "政产学研用"打造创新载体典范

"删繁就简三秋树，领异标新二月花。"随着高新技术发展和创新形态演变，政府搭建创新平台，用户在创新进程中的特殊地位进一步凸显，以"政产学研用"打造创新载体具有现实意义。"互联网+大数据"融合发展消融了信息和知识分享的壁垒，也消融了创新的边界，推动了创新2.0形态的形成，重新定义了创新中用户的角色、应用的价值、协同的内涵和集成化思维的力量。集成创新推动从纵向一维空间思维向"纵—横"一体的多维空间思维模式转变。五位一体战略联盟的缔结推动区域块状经济结构调整,对提升区域技术创新能力发挥了重要的作用。

2017年12月15日,"影响中国"2017年度人物榜颁奖典礼在北京举行,这项活动由中国新闻社、《中国新闻周刊》杂志社主办。阿里巴巴董事长马云、中央党校原副校长李君如、经济学家刘俏、结构生物学家颜宁、艺术家徐冰、青年偶像人物王俊凯、著名女子网球运动员张帅等人分获各自领域"影响中国"2017年度人物奖。而中国(广东)机器人集成创新中心荣获2017"影响中国"年度智造奖。

佛山高新区主动抓住新一代科技革命和产业变革的机遇,落实"中国制造2025"战略,以制造业为本,以"智造"立心,为中国制造向中国"智造"转型,提供了鲜活的样本。"星光中国芯工程"总指挥、中国科协副主席、中国工程院院士邓中翰博士在颁奖时候表示,中国(广东)机器人集成创新中心在新一轮机器人发展竞争中抢占先机,串联起全球本土化资源,为中国"智造"探索出"政产学研用"的有效机制。

国际机器人联合会预测,"机器人革命"将创造数万亿美元的市场。"机器人革命"将成为"第三次工业革命"的一个切入点和重要增长点,将影响全球制造业格局,而我国将成为全球最大的机器人市场。

作为中国的制造业大市,佛山已成为中国机器人应用的重要区域。凭借广佛都市圈核心区、佛山高新区等优势,佛山市及其产业重点区域南海区借力中国工程院等创新资源,将佛山高新区打造成中国(广东)机器人集成创新中心,目标剑指自主创新研发中心、金融创新产业中心、应用创新示范中心。

佛山高新区打造成中国(广东)机器人集成创新中心自成立以来,通过搭建创新平台,激活创新源头,加大自主创新研发的力度。2017年8月,武汉华中数控股份有限公司与佛山市科技局共建"佛山市智能装备技术研究院",同时,佛山市机器人创新产业园、广工大研究院、清华力合科技园、华南IT创业园等一批创新平台也相继建立。其中,广工大研究院

已顺利建设成为国家级孵化器及国家级众创空间，累计孵化高端创业团队60多个，注册实体50余家，其中聚集的机器人行业相关企业达20多家。佛山智能装备技术研究院也已完成了一系列机器人核心技术研发，其建设的孵化器已签约30余家机器人科技型企业。另外区内还组建了佛山市机器人创新产业园、佛山机器人创新联盟等。

龙头企业的引进也同样"硕果累累"。武汉华中数控股份有限公司在佛高区组建了合资公司——佛山华数机器人有限公司、上海登奇机电技术有限公司组建了佛山登奇机电技术有限公司，全球工业机器人制造"四巨头"之一的日本安川电机也同样在佛高区设立合资公司佛山凯尔达机器人科技有限公司。

"控制器是机器人的大脑，驱动器就是机器人的肌肉，华数机器人目前在控制器、驱动器等方面都已经实现了自主研发，这在国内的机器人公司中屈指可数。"佛山市智能装备技术研究院院长王群说，以华数机器人为例，除了减速器外，其已经完成了80%以上的核心零部件自主研发。

而佛山作为国家制造业转型升级综合改革试点，主动为全国制造业突围探路。佛山以建设珠江西岸先进装备制造产业带、珠三角国家自主创新示范区等平台为抓手，借助"互联网+智能制造"思维，积极实施"百千万工程"。2017年5月，中国工程院与佛山市委、市政府，就推进机器人及智能装备应用"百千万工程"达成共识，提出到2017年年底前，双方将合力推动在佛山完成百条生产示范线建设，实现2000台佛山华数机器人公司生产的工业机器人在佛山推广应用，推动佛山华数机器人公司完成10000台工业机器人的生产。经过半年的推进，"百千万工程"为代表的智能升级改造计划就在佛山家电、机械装备、家具、汽配等领域的大部分规模以上企业启动，智能改造重点项目近100项，投入近540亿元。全市已有超120家规模以上工业企业应用机器人超4000台。

"由于人力成本上升、招工难和偶尔发生工伤事故等众多因素，引入机器人已经成为比较紧迫的事情。"广东阳晨厨具有限公司副总裁、执行董事姚国沃说，综合考虑技术水平、创新因素、工艺匹配、地理区位等原则，该公司最终选择与佛山华数机器人有限公司合作，先投入10台机器人改造两条冲压生产线，每条生产线上用5个机器人，负责包括冲压、切边等工序，已于2017年11月下旬完成安装调试投入生产之中。

广东腾山机器人有限公司同样在与佛山优势传统产业铝型材企业合作。"我们正为华昌铝业研发从车间、搬运到包装整个生产自动化的方案。"该公司总经理张军介绍，公司计划通过与南海本地制造业龙头企业的合作，形成示范作用，并以此为突破口，开拓本地市场。

"针对汽车制造、铝型材、陶瓷、纺织、家电、家具、包装、内衣等优势产业，率先推动一汽大众、志高空调、坚美铝材等标杆企业，建设典型领域机器人综合应用解决示范方案。"佛山高新区管委会负责人表示，区内对率先开展国产机器人生产示范线建设的龙头企业按"一企一策"给予扶持。

"集成创新中心不是传统意义的中心，它是协同创新平台，是以研究院牵头，把人才、团队、应用、需求资源整合起来的一个平台。"王群说，自动化生产线的改造非常复杂，单靠一家企业往往无法完成，这就需要一个平台进行资源整合。对于未来佛山市智能装备技术研究院在创新中心里面的定位，王群表示将主要围绕国产自主研发创新的机器人核心技术。而同样作为重要支撑平台的佛山市南海区广东工业大学数控装备协同创新研究院，其院长杨海东表示，将会为区域市场培育、组建、引进集成商，提供人才和技术支持。"广工大研究院将会与经促部门联合对机器人产业进行调研，摸清楚企业的实际需求。"

除了平台与企业外，以金融手段推动本土制造业的转型升级，是建设中国（广东）机器人集成创新中心的一大亮点。目前南海已经启动珠西装备制造按揭中心建设，将为珠西装备制造业的发展提供创新金融服务。

"企业在按揭中心将设备抵押融资，通过技改升级投产，不断提升效率扩大再生产，从而实现生产模式自动化和智能化的转型升级。"佛山市机械装备行业协会常务副会长毛卫东说。

统计数据显示，佛山的1.1万多家机械装备企业有着共计超过2100亿元

的融资需求。"佛山中小企业居多，企业体量小、设备少等因素造成贷款困难等问题，亟待引入社会资本帮助本土企业实现融资。"佛山海晟金融租赁股份有限公司总裁赵国俊说，该公司与佛山高新区合作，支持机器人集成创新中心开展金融租赁服务，总额100亿元，支持佛山高新区中小企业"机器换人"。

中国（广东）机器人集成创新中心的创立与发展成为社会一大热点。学者严诗颖撰文指出：佛山高新区借力中国工程院等创新资源，以"机器人+智能制造"作为重要突破口，以国家自主创新示范区等重大战略平台、佛山智能装备技术研究院等创新创业平台为依托，构建"政产学研用"协同创新载体，立足"三个精准"打造创新中心。

第一是要精准定位，夯实创新中心基础。随着粤桂黔高铁经济带合作试验区（广东园）、珠三角国家自主创新示范区等战略平台先后落户佛山，佛山高新区始终坚持在珠三角科技一体化、广佛同城化的大框架下谋发展，不断加强与珠三角高新区、粤桂黔高铁沿线高新区的协同创新，尤其是主动承接广深创新资源溢出，开展更为广泛的技术转移合作，加快制造业智能化发展，推动机器人的应用。随着一汽大众等重大项目的引进投产，东方精工、南方风机等民营企业茁壮成长，佛山高新区先进装备制造业实现规模化发展。同时，佛山的有色金属、家具等传统产业全国占有率高，普遍存在降成本提效能的需求，为机器人的应用推广提供了广阔的市场空间。佛山高新区"一区五园"共建有各类研发机构约300家，建设有佛山智能装备技术研究院、广工大数控装备协同创新研究院、佛山市机器人创新产业园等10多个创新创业平台，拥有10个国家级孵化器和6个国家级众创空间。其中，广工大研究院已引进国内外高端人才160多人，孵化高端创业团队60多个，注册实体企业50余家，其中与机器人行业相关的达20多家。清华大学深圳研究院、中科院光机电所、密歇根大学国际智能创新中心等高等院校和科研机构构成的机器人研究创新体系已初步成型。

表 10-3　佛山高新区"一区五园"智能装备发展表

研发机构	共建有各类研发机构约 300 家,建设有佛山智能装备技术研究院、广工大数控装备协同创新研究院、佛山市机器人创新产业园等 10 多个创新创业平台
孵化平台	拥有 10 个国家级孵化器和 6 个国家级众创空间
龙头效应	进驻园区的广工大研究院已引进国内外高端人才 160 多人,孵化高端创业团队 60 多个,注册实体企业 50 余家
创新体系	清华大学深圳研究院、中科院光机电所、密歇根大学国际智能创新中心等构成机器人研究创新体系

　　第二是精准打造三大创新中心。重点扶持华数机器人公司突破机器人控制系统技术,扶持登奇电机公司突破电机生产技术,扶持广工大研究院突破机器人行业应用集成共性技术。推动企业与高校创新平台开展产学研合作,激活创新源头,抓好机器人本体、控制系统、减速器、伺服电机、传感器等核心技术攻关。突破服务模式创新,建设金融创新中心。配合佛山市关于支持融资租赁业发展的相关政策出台相应扶持办法,联合佛山市机械装备行业协会、佛山海晟金融租赁股份有限公司、广东粤科融资租赁有限公司三方共建"珠西装备制造按揭中心"。吸引更多优质融资租赁公司集聚,从落户、融资、人才奖励及经营、风险补贴等方面进行扶持;同时对运用融资租赁工具的企业给予业务补贴,力求以金融手段推动本土制造业的机器人应用及自动化升级。

　　第三是要精准服务,构建"政产学研用"协同创新载体。广东工业大学、武汉华中数控股份有限公司、清华珠三角研究院与区政府四方签署《共同推进"中国(广东)机器人集成创新中心"建设框架协议》。研发机构、金融机构、行业协会、商会、集成商成立"中国(广东)机器人集成创新中心建设推进联盟"。通过"政产学研用"抱团式发展,加速优势资源汇聚,整合机器人的研发端、生产端、应用端,共同推进机器人集成创新中心的建设发展。要加强与中国工程院、中国科学院、美国密西根大学等合作共建创新平台。要加强机器人产业人才培养和引进。实施"蓝海人才计划"产业专项，吸引全球创新创业人才落户佛高区。鼓励企业建立院士工作站、博士后工作站、科技特派员工作站等，柔性引智引才。

广东蒙娜丽莎集团股份有限公司董事张旗康在其撰写的《以"集成化思维"助推本土机器人创新》文章中指出：打造"全国机器人集成创新中心"对本土机器人研发、制造以及应用企业而言，都是一大利好。采用机器人、智能化生产线对传统产业降低成本有重要意义。佛山市南海区高瞻远瞩地提出打造"全国机器人集成创新中心"，充分体现了一个体系化、集成化的思维，也将进一步带动传统产业转型升级。

第三节 集成效应推动无穷无尽的创新

"满眼生机转化钧，天工人巧日争新。"自主创新是攀登科技高峰的必由之路，推动"政产学研用"是自主创新的奋斗基点。科学技术是世界性的、时代性的，发展科学技术必须具有全球视野。佛山领海内外风气之前，一直以开放包容、敢为人先而名闻南粤大地。不拒众流，方为江海。搭建创新平台能聚四海之气，可借八方之力。勇于创新是佛山精神鲜明的禀赋。在深化国际科技交流合作更高起点推进自主创新的背景下，佛山和广东以开放积极主动的心态拥抱全球创新，定能在机智大时代里铸就人工智能产业的精彩新篇章。

今年47岁的沈岗出生于上海，1992年赴日本留学，1994—2003年就读于东京工业大学机械专业。2003年取得工学博士学位后进入日本发那科株式会社，在日本生活了20年，在工业机器人四大家族之首的发那科工作十五年，2014年回国担任上海发那科机器人有限公司董事兼常务副总经理，兼任日本发那科机器人事业本部技师长，负责中国区市场。

2018年7月，46岁的沈岗作出了一个全新的选择，来到广东省佛山市顺德区，加盟碧桂园集团，组建博智林机器人公司。同年9月8日，碧桂园集团旗下全资子公司广东博智林机器人公司与顺德区政府签约，共同打造集科研、实验、生产、文化、生活、教育于一体的机器人谷项目。

当前中国机器人产业极端"碎片化"，碧桂园集团选取粤港澳大湾区核心腹地——佛山顺德，打造面积10平方公里的中国最大机器人谷。通过将机器人产业资源整合，并引进1万名全球顶级机器人研发专家及研究人员，打造从机器人人才培养、核心技术和本体研发，到核心零部件和本体生产制造、各类场景系统集成和实践应用的全产业链服务平台，形成一个"大而全"的机器人产业新高地。"与其他机器人小镇不同，我们不只是建一个园区，招商引资让企业进来。博智林机器人自己会在机器人谷内有产业链布局。"沈岗说，公司成立以来，他们已经对接了15家高校和2家科研机构。国内高校有清华大学、北京大学、浙江大学、上海理工大学、华中科技大学、香港科技大学等，海外有美国密西根大学、新加坡南洋理工大学、日本东京工业大学，科研机构则有中国科学院、宁波市智能制造研究院，目前基本达成合作意向。目前员工300多名，其中入职博士达到200人。目前，公司已经完成了对近20家企业的投资并购工作，其中有超过半数企业完成了尽职调查，就要签约了。这些投资收购的企业主要集中在机器人行业的核心技术领域，包括核心零部件生产商、核心设备的系统集成商、芯片、物联网、工业管理软件、人工智能语音识别等，利用现有企业好的技术和产品，借助其平台往前发展。"我想向全世界证明：中国人有实力把机器人产业做好。"

表 10-4　碧桂园集团打造机器人谷发展表

产业规模	选取粤港澳大湾区核心腹地佛山顺德，计划投500亿元打造面积10平方公里的中国最大机器人谷
发展定位	组建博智林机器人公司，与顺德区政府签约，共同打造集科研、实验、生产、文化、生活、教育于一体的机器人谷

续表

科技支撑	中科院、宁波市智能制造研究院、清华大学、北京大学、浙江大学、上海理工大学、华中科技大学、香港科技大学、美国密西根大学、新加坡南洋理工大学、日本东京工业大学
人才配套	1 万名全球顶级的机器人专家及研究人员

碧桂园集团投资800亿元打造中国最大机器人谷，这是广东机器人产业集成创新效应的凸显与延伸。

集成与创新对于佛山而言就是发展的新引擎。佛山市委书记鲁毅曾多次强调，佛山比以往任何时候都更加渴望创新，比以往任何时候都更加需要激发制造业的强大创新力量，"推动佛山由制造业生产中心向制造业创新中心转型跃升"。

在粤港澳大湾区城市群中，佛山是继深圳、惠州等城市后，主动在境外设置联络处的城市，这一举措也被写入《珠三角国家自主创新示范区建设实施方案（2016—2020年）》规划之中。根据该方案，到2020年广东省要形成深圳、广州为龙头，珠海、佛山、惠州、东莞、中山、江门、肇庆7个地市为支撑的"1+1+7"珠三角国家自主创新示范区发展格局，建成国际一流的创新创业中心，"佛山"在方案中出现了32次。从生产中心到创新中心的蝶变，这是佛山这个传统制造业城市在粤港澳大湾区建设中的新任务，围绕于此，佛山成立创新驱动发展战略领导小组，由市委书记鲁毅挂帅。

"珠三角地区有强大的制造业基础和完善的产业链配套，佛山作为以工业为根基的城市，正在逐渐成为制造业的一线城市。"南京埃斯顿董事长、总经理吴波表示，作为在华南地区的首家子公司，埃斯顿（广东）机器人有限公司将逐步建成华南地区生产、销售、研发、服务的总部。

在埃斯顿（广东）机器人有限公司开业之时，国际著名机器人专家、新加坡南洋理工大学机械与宇航工程学院陈义明教授与佛山高新区、广东工业大学研究院、瀚海控股集团四方签署了《佛山高新技术产业开发区管理委员会与新加坡Transforma Robotics Pte Ltd 关于建筑机器人项目落地佛山的框架合作协议》，这预示着佛山高新区建筑机器人正式"上岗"，一场"机器人＋建筑业"跨界融合的变革悄然落地。

随着越来越多机器人项目的落户，机器人集成效应在佛山高新区日益凸显。据统计，中国（广东）机器人集成创新中心自2017年5月在佛山市南海区狮山镇核心区启动建设以来，集聚了埃夫特机器人、埃斯顿机器人、华数机器人、泰格威、新鹏等机器人本体及集成企业30多家，涵括了机器人本体、核心零部件、集成应用系统等领域，2018年营业收入近6亿元，增长15%，集聚了中国（广东）机器人集成创新中心、广工大数控装备协同创新研究院、佛山市智能装备技术研究院等一批机器人高端研发服务平台，已成为全区发展机器人产业的主要阵地，营造出"核心技术研发—机器人本体—机器人集成—机器人应用—工业大数据"的完整产业创新生态。于2019年1月成立，落户中国（广东）机器人集成创新中心的佛山非夕机器人科技有限公司（Flexiv），获得金沙江等知名风险投资公司2000万美元的风险投资资金。公司专注于高端机器人的研发生产，在2019年3月举行的2019年德国汉诺威工业博览会上，非夕机器人公司展出了全球首例力矩触控结合视觉感知的智能机器人，获得广泛的关注，该产品于2019年6月在狮山镇工厂投入生产，进一步丰富佛山市机器人产业链，提升全市机器人产业技术水平。

"中国（广东）机器人集成创新中心的一大亮点就是'政产学研用'各方合力，由此串联起全球的创新资源。"佛山市南海区广工大数控装备协同创新研究院院长杨海东在接受采访时表示，他们创立了"线上研究院"和"海外研究院"，以聚合包括硅谷在内的全球化研究力量。

而令人关注和振奋的是，2018年12月7日，广东省机器人创新中心在广州黄埔区成立。这是全国首家省级机器人创新中心，是在广州市成立的第三家省级制造业创新中心。创新中心由广州瑞松智能科技股份有限公司协同工业与信息化部电子第五研究所、国机智能科技股份有限公司等单位发起，与产业链上下游10家单位共同组建的。该中心的成立进一步提升广东在国内机器人行业的地位。

"我国当下机器人产业发展中存在核心技术缺失和产品可靠性水平低下两大主要瓶颈。创新中心将针对这两大痛点，开展工业机器人本体、核心零部件和关键共性技术以及质量可靠性技术与相关应用技术研究。"广东省机器人创新中心总经理刘尔彬介绍道，该中心将积极吸引国内大学、科研院所以及机器人龙头企业加盟，以机器人核心零部件及周边设备、机器人应用软件、机器人工业互联网、大数据机云平台服务为主线，机器人焊接、机器人装配和智能装备研发、焊接与装配技术方案和新工艺研究为主要任务，将围绕"智能焊接与装配技术+机器人技术+应用软件技术"，探索建立符合粤港澳大湾区范围内机器人产业发展状态和特点的政、产、学、研、金、用协同创新机制，构建引领产业技术发展、促进技术成果转化、带动行业共同发展的创新平台；搭建提供测试验证、成果转化、人才培养、国家合作、标准制定等全方位产业化服务的综合性保障平台；通过协同创新，开展机器人关键共性技术、前瞻应用技术以及质量提升技术研究；通过技术成果转化，引领和带动产业发展。

表 10-5　广东省机器人创新中心功能整理表

重要作用	解决制约粤港澳大湾区工业机器人产业发展的技术瓶颈，打通创新链实现技术推动。打造开放性平台，解决工业机器人产业发展中面临的标准缺失、人才匮乏、交流不畅的问题。以孵化技术和成果促进创新
产值规模	规划每年完成 5—10 项技术成果，三年内预计可产生 5 亿—10 亿元
带动就业	创新中心以高端技术人才为主，规划专职人员 50—80 人；三年内带动就业 500 人以上

广州瑞松智能科技董事长兼总裁孙志强表示，省机器人创新中心是以广东省机器人创新中心有限公司为载体，完全以企业为主导，采取"企业法人+联盟"的股份制形式。公司还特地预留了部分股权，用于招募来自粤港澳大湾区和国外的合作伙伴，目前正积极接洽粤港澳大湾区及国际相关企业。

第十一章

机智过人：研发全球首款AR智能教育机器人

有些人把这种技术称之为"人工智能"，但实际情况是这种技术将增强我们人类的能力。因此，我认为，我们将增强人类的智能，而非"人工"的智能。

——IBM首席执行官　吉尼·罗曼提

面对所有重大变革与机遇，需要开放的心态来迎接人工智能。对变革有所畏惧绝对正常，正如马克·吐温所说，勇气来自抵抗恐惧并战胜恐惧，而不是来自没有恐惧。我们欣然接纳或热情拥抱未来的改变——这些改变将推动你找到新的人生方向。

——创新工场创始人兼CEO、人工智能工程院院长　李开复

第一节　AR智能教育机器人与6000亿元市场容量

"三人行，必有我师焉。择其善者而从之，其不善者而改之。"对于博观

约取、崇文尚教的中国人而言，教育事业是最神圣最重要的大事、要事之一。千百年来穷经皓首、传道解惑的先生是我们每个人心目中最理想的授业者，"一日为师，终身为父"的师道已在中华大地上盛行数千年。然而机智革命却带来了一个全新的命题：担当教书育人使命的已不仅只有老师，还有全新的成员——机器人。智能教育机器人产业化之路正在广东如火如荼地迈进。

2019年1月23日至26日，全球规模最大、最具影响力的教育科技展览——英国教育科技装备展（BETT Show）在伦敦展览中心举行。深圳越疆科技有限公司携自主研发的创新教育产品进入这一国际秀场，通过科技创新不断为全球教育输入灵感、带来全新的推动力。

未来已至。如何在云计算、物联网、大数据、人工智能等技术飞速进步的同时，借助技术手段实现科技与教育的并行发展，让科技服务于教育，让教育促进技术的进步，成为机智大时代的重大课题。

作为2019年BETT的亮点，大量的数据分析和人工智能应用已经从传统的学校教育中脱离出来，演变形成了独立工具和功能的新产品类别。"2018年机器自主学习与强化学习是人工智能的发展趋势，而这两个趋势将在2019年不断加强。"牛津大学首席数据科学家Ajit Jaokar在演讲中表示，未来物联网将越来越多地融入到大型生态系统中，如自动驾驶汽车、机器人和智慧城市。协作机器人将成为2019年人工智能发展的关键趋势。与之前的装配线机器人不同，越疆DOBOT机器人具备自主感知能力。

BETT是一个国际化的教育装备展示平台，汇聚了当前世界上最先进、最时尚的教育现代化和网络化产品，为全球教育行业的革新和发展提供最好的展示交流平台。本届展会吸引了800多家参展商和来自103个国家、超过34000名专业人士参加，还邀请了众多全球教育大咖和业内知名人士发表了主题演讲，成为2019年开年教育盛典，也为推动智能教育机器人的发展搭建了新的舞台。

教育机器人的发展已成为业界关注的一大焦点。2017年国庆期间，河南省举行了一场人与机器人的科技大战，为期四天的教师与人工智能教学机器人的比赛，以机器人完胜真人而收官。

比尔盖茨曾预言，机器人的普及将像个人电脑的普及一样，彻底改变这个时代的生活方式。如今，有那么一种呆萌可爱的机器人已经或即将走进你的家庭，陪伴你的孩子学习、交流、成长，成为孩子们的最佳小伙伴，这就是教育机器人。教育是机器人走进每个家庭的重要途径之一，教育机器人成为市场备受关注的产品。

目前在广东生产智能教育机器人的公司主要分布在深圳、广州和佛山等区域。

为了抢抓机遇，广东研发生产教育机器人的公司早已秣马厉兵、砥砺前行。早在2017年8月26日，深圳慧昱教育科技有限公司在北京隆重召开新品发布会。该公司创始人兼CEO陈中流在会上对外宣布：该公司研发出了全球首款AR智能教育机器人。

深圳慧昱成立于2014年，是一家集硬件研发、软件平台开发、精品内容研发、运营和销售为一体的高新技术企业。目前，该公司已在广州、北京、波士顿、迪拜、巴塞罗那设有分部或销售公司。慧昱教育是全球领先的智能早教机器人研发机构，一直致力于AR现实增强交互学习、体感交互学习、情商培养学习等精品教育内容研发。公司每一个团队成员都拥有着深厚的行业背景，或来自世界500强外企、或来自海外顶尖MBA院校。

AR智能教育机器人将AI（人工智能）互动体验技术与浸入式学习场景相结合，旨在全面激发3—8岁孩子的学习兴趣，让孩子在轻松自由的氛围中体会到探索世界、获得知识带来的乐趣，致力于帮助父母更好地陪伴孩子，引导孩子轻松愉快地学习。

"小哈早教机器人是我们公司专门为3—8岁小朋友设计的一款智能早教陪伴机器人，最大特点是，花一份钱可以拥有AR学习机+智能机器人+蓝牙音箱+故事机+视频监控+平板等多个功能！"慧昱公司负责人介绍道，小哈在开发儿童心智、挖掘天赋同时，还能提升儿童的学习、语言、沟通、表达、创作等多方面能力，具备远程控制、视频交流及监控功能。小哈采用封闭系统设计，内含防沉迷设定，在教学上以3D的形式呈现教学内容，包含AR英语、AR科普、AR绘画、AR动漫、AR绘本阅读等五大AR学习功能及学习报告、远程视频监控、语音聊天、变声对讲、视频、儿歌、音乐等多种功能，用最先进的教学方式帮助孩子们达到最佳的学习效果。小哈还能让家长和孩子实时互动。家长可通过手机客户端随时发起远程视频聊天，机器端不能发起视频聊天，以免打扰家长，家长亦可通过手机客户端发起远程监控，并可远程控制机器人行走，随时随地查看家中小孩的情况。

该公司旗下小哈AR智能教育机器人项目一推出就完成3550万元Pre-A轮融资，投资方包括富士康、北京运胜基金、宜华资本、英诺基金、愿景资本五家机构。这一消息在行业内曾引起热议，并受到了众多业内人士的高度关注。不仅是因为年轻的慧昱科教Pre-A轮融资就受到了来自世界五百强企业富士康的关注和投资，更重要的是小哈机器人项目开创了AR技术在教育类电子产品行业成熟运用的先河。

机器人教育正蓬勃兴起。机器人技术融合了机械原理、电子传感器、计算机软硬件及人工智能等众多先进技术，随着机器人技术的普及，面向学生的机器人教育也成为当前的教育主题之一。通过组装、搭建、运行机器人，机器人教育激发学生想象力和学习兴趣、培养学生认识和解决问题的综合能力以及团队协作意识。

课堂教育和竞赛教育是目前机器人教育的两种主要形式。机器人技术综合了多学科前沿技术，引入机器人教学将给中小学的信息技术课程增添新的活力，成为培养中小学生综合能力、信息素养的优秀平台。初学者可以了解机器人的发展和应用现状，理解机器人的概念和工作方式，为进一步学习机器人技术的有关知识打下基础。深入学习的学生可以了解机器人各个传感器的功能，学习编写简单的机器人控制程序，提高学生分析问题和解决问题的能力。

举行机器人竞赛是机器人在教育中的另一种重要实践。从20世纪末兴起，在二十多年的时间里，机器人竞赛经历了从无到有、从单一到综合、从简单到复杂的过程。通过机器人竞赛完成各项任务，学生在搭建机器人和编制程序的过程中培养动手能力、协作能力和创造能力。机器人竞赛主题各异，有的是着重解决实际问题并引导孩子们进行科幻想象的，比如送餐、爬楼梯、残疾辅助等；有的是通过社会主体参与公益活动，在培养孩子创造力的同时塑造正确的社会观念的，比如模拟救援、参与环保、探索海洋、成为动物之友等。目前全球每年有100多项机器人类竞赛，竞赛人群囊括了小学生、初中生、高中生以及大学生，参与人数也是逐年增长。2017年中国青少年机器人竞赛，全国各省区市共有9000多支队伍、25000多名中小学生参加，参与学校数量达到3700所。2018年在北京亦庄举办的2018世界机器人大赛吸引了10多个国家和地区的12000多支参赛团队、50000多位选手前来竞技。

同时，随着工业化城市化的浪潮，农村出现了数以千万计的留守儿童。为广大农村留守儿童健康成长创造更好的环境，不论是对政府，还是对有社会责任感的企业而言，都是一项重要而紧迫的任务。而随着AI科技和智能教育机器人的迅速发展，越来越多人开始思考如何用AI技术帮助留守儿童。2018年，集人工智能和人形机器人研发、平台软件开发运用及产品销售为一体的全球性高科技企业深圳市优必选科技有限公司联合今日头条发布的《2018留守儿童关注度大数据》显示，目前多数公益活动对留守儿童的帮助更多只停留在捐助物资层面，而对留守儿童真正需要的"陪伴"等精神层面的帮助力度却远远不够。而科技的发展却可以逐步解决这些遗憾。2019年1月，优必选公司研发的悟空机器人就以村长"AI小助手"的身份，由主持人杜海涛、奥运冠军杨威、星爸张伦硕等携带前往湖南湘西、重庆的偏远山区学校进行支教。一方面，悟空的语音通话和视频功能能打破时间和空间的局限，拉近孩子和父母的距离，陪伴且关爱留守儿童，另一方面，孩子们能够亲自感受人工智能技术的科技魅力，增长他们的见识，开拓他们的视野，享受和大城市孩子们一样丰富的教育资源，从小开始激发他们的科技创新梦想。这使得AI赋能教育陪伴"硬件+内容"模式为业界树立标杆，也拓展了智能教育机器人的运用领域和模式。

全国第六次人口普查显示，目前我国0—9岁的儿童数量将近2亿人。随着"二孩政策"的开放，未来每年新生儿数量预计将达到2000万人以上。相关数据显示，2017年全球服务机器人市场规模将达到450亿美元，2017年至2021年的未来五年年均复合增长率约为16.19%，2021年全球服务机器人市场规模将达到820亿美元。教育事业对教育机器人的需求将形成一个巨大的市场，尤其是针对3—8岁儿童的早期教育机器人市场将有十分广阔的前景。在这种发展趋势和机遇下，慧昱科教CEO陈中流认为，智能早教机器人的出现将会取代点读机、点读笔、故事机、儿童平板等相关产品近500亿元的市场，全球市场则能达到超3000亿元的市场容量，2019年市场容量将达6000亿元，市场前景极为广阔。

第二节　应用前景：教育机器人111亿美元市场规模

人才培养是振兴家国大业的关键。在中国数千年的教育发展版图上，教育经历过了从宗祠到私塾、从学堂到课堂的不断裂变，也经历了授业者从私塾先生到优秀教师、专家、学者、教授的演变。社会发展日新月异，科技教育一日千里，莘莘学子的课程从手工劳动课程里的折纸飞机变成了普及开展的电脑课程教育。科学管理之父泰罗认为："任何节约劳动、提高效率的行为都会取得最终的胜利。"时至今日，广大学子又从单纯的电脑基础课程学习进入融合多种学科知识的机器人教育学习，科技教育正迎来一次全新的飞跃。

美国著名作家、访问学者皮埃罗在他撰写的《人工智能简史》一书中指出，这个世界正在加速，加速到超越人力承受的极限，在不久的将来，就会有智能产物陆续面世，它们会逐渐代替人力，并继续维持这个世界加速运转。机器人教育的问世与兴起正是这个进程的重要组成部分。

美、英、日是国外机器人教育开展得最早的国家，这些国家的机器人课程从高校开始逐渐普及到中小学。中国机器人教育开始于20世纪80年代，在21世纪初得到快速发展。2017年，国务院颁布的《新一代人工智能发展规划》中明确提出要在中小学设置人工智能课程，推广编程教育发展，支持开展人工智能竞赛，鼓励进行形式多样的人工智能科普创作，机器人教育无疑是最重要的内容。在当今快速发展的科技时代，中国机器人教育也如坐上高速列车一样奔驰前进。

《2016年全球教育机器人发展白皮书》（以下简称《白皮书》）数据指出，未来5年（2016—2021年）全球教育机器人的市场规模将达111亿美元。其中教育服务机器人的服务与内容营收有可能占据市场整体77%以上。《白皮书》介绍说，从市场角度分析，教育机器人可以分为"机器人教育"和"教育服务机器人"两种产品类型。前者可划分在科创教育类产品中，后者是指具有教与学智能的服务机器人。陪伴机器人的教育属性稍弱些，更侧重在和孩子的语音聊天，属于"教玩具"的品类中。

　　2018年8月在北京亦庄国际会展中心举办的2018世界机器人大会上，有160余家机器人相关企业亮相，产品类型覆盖医疗机器人、投篮机器人、飞行机器人等。推出教育类机器人的公司数则占全部服务机器人参展商的三分之一。教育机器人与其他服务机器人以及工业机器人并驾齐驱，AI智能化发展正普遍落地于各行各业。最受民众关注的一类机器人产品便是教育机器人，从当前的家庭交流模式来看，机器人的教育陪伴更受家长们的青睐。而教育类机器人对孩子的健康成长将会起着积极的引导启蒙作用，教育机器人的发展现状与行业趋势也是每个家庭都关心的问题。

　　相关资料显示，2017年全球教育机器市场规模达到8.5亿美元，同比增长14.4%，市场总体呈现稳定上升态势，当年预计2018年全球教育机器人市场规模将达到9.7亿美元，同比增长13.5。而在中国，2017年中国教育机器人市场规模为6.1亿元，同比增长21.1%，随着国家政策大力扶持人工智能中小学落地，当年预计中国教育机器人市场将持续稳定增长，2018年中国教育机器人市场规模达到7.6亿元，增长率近25.8%。

　　类人的外形，搭载了语音识别方案，可以完成某种指定的功能，比如幼儿的语言教育、青少年STEAM编程等，这就是目前教育机器人的市场现状。一方面，AI概念依旧火热，教育是AI商业化落地场景之一，且就目前教育机器人产品水平而言，入局门槛相对较低。另一方面，教育机器人所扮演的仍然是玩具的角色，产品的不成熟正逐渐消耗消费者对行业的新鲜感。在市场利弊两方面的影响下，教育机器人正呈现出日益清晰的市场潜力、行业壁垒以及商业模式。

表 11-1 中国教育机器人企业信息统计表

公司名称	成立时间	融资轮次	主要机器人品牌
上海未来伙伴机器人有限公司	1996 年 6 月	Pre-A 轮	能力风暴教育机器人
科大讯飞股份有限公司	1999 年 12 月	已上市	阿尔法蛋机器人
深圳鑫益嘉科技股份有限公司	2005 年 5 月	已上市	巴巴腾
北京森汉科技有限公司	2008 年 8 月	—	数学机器人
小米科技有限责任公司	2010 年 3 月	已上市	米兔积木机器人
深圳市天博智科技有限公司	2011 年 1 月	A 轮	TBZ 智玩机器人
北京康力优蓝机器人科技有限公司	2011 年 5 月	A+ 轮	爱乐优机器人
北京乐博乐博教育科技有限公司	2012 年 2 月	并购	乐博乐博
深圳市优必选科技有限公司	2012 年 3 月	C 轮	Alpha 1 Pro、Alpha 2、Qrobot Alpha
北京麦吉姆科技有限公司	2012 年 9 月	天使轮	皮卡多儿童智能机器人
杭州阿优文化创意有限公司	2012 年 10 月	战略融资	阿 U 兔智
格物斯坦（上海）机器人有限公司	2013 年 3 月	—	格物斯坦机器人
深圳勇艺达机器人有限公司	2013 年 10 月	A 轮	勇艺达机器人
深圳狗尾草智能科技有限公司	2013 年 12 月	A 轮	Gowild 公子小白
北京小鱼儿网络科技有限公司	2014 年 7 月	B 轮	小鱼在家
北京智能管家科技有限公司	2014 年 11 月	B 轮	布丁豆豆
广州慧昱教育科技有限公司	2014 年 11 月	Pre-A 轮	小哈 AR 智能教育机器人

续表

公司名称	成立时间	融资轮次	主要机器人品牌
哈工大机器人集团（HRG）	2014 年 12 月	已上市	哈工大教育机器人
上海归墟电子科技有限公司	2014 年 12 月	Pre-A 轮	张小盒机器人
西安缔造者机器人有限公司	2014 年 12 月	—	缔造者机器人
智童时刻（厦门）科技有限公司	2015 年 1 月	B 轮	Keeko 机器人
北京进化者机器人科技有限公司	2015 年 2 月	A+ 轮	小胖机器人
深圳市寒武纪智能科技有限公司	2015 年 2 月	战略融资	小武机器人
阿里辛巴（北京）科技发展有限责任公司	2015 年 5 月	天使轮	小馒头儿童机器人
深圳市打令智能科技有限公司	2015 年 8 月	天使轮	打令小宝
北京快乐智慧科技有限责任公司	2015 年 9 月	A 轮	快乐智慧
北京视觉世界科技有限公司	2015 年 9 月	—	360 儿童机器人
早上六点（北京）教育科技有限公司	2016 年 7 月	天使轮	小鸡滴滴智能幼教机器人
远威润德（武汉）网络科技有限公司	2017 年 12 月	—	小帅智能教育机器人

目前教育机器人科技类公司大多落户在北京、杭州、上海、广州、深圳这类新兴科技创新力聚集的国内一线城市，少数在厦门、西安、武汉等二线城市。2010年以后成立的公司有24家，成立时间大多在2014年左右浮动。由此可见，教育机器人是近五六年才兴起的热流产业。当前教育机器人的行业发展现状与发展趋势主要有以下几方面。

第一，从教育机器人发展的行业背景来看，中国近年对"二孩"政策的全面开放，加大了教育机器人的市场基数。同时伴随着国家政策的扶持

224

机智大时代

以及消费者生活水平的提升，教育机器人市场需求持续增加。市场需求以幼儿陪伴教育形式的需求居多，家庭场景应用是主要的落地领域。其次是个人、学校、培训机构、工作场所等领域，对标的客户人群可涉及儿童、学生、在职人员和老人群体。因此，教育机器人可根据不同人群、不同场景的应用需求，发展出不同的相关产品和技术，具备一定的灵活性、针对性和广泛性。此外，教育机器人对于教育资源和师资问题的解决，也有突出的表现。在市场发展潜力上前景广阔，各大科技企业皆想尽快打入教育产业链，从而获取尽可能多的客户群体与商业价值。我国已在积极推动教育机器人的布局和发展。2018年4月，教育部发布了《教育信息化2.0行动计划》，提出实施"智慧教育创新发展行动"，强调要加强智能教学助手、教育机器人、智能学伴等关键技术研究与应用。国家政策的大力支持，助力教育机器人商业化落地更加普及。

第二，从教育机器人的技术研发来看，当前的教育机器人在功能上可以按照表情动作、感知输入、机器人智能、社会互动、角色定位和用户体验六个维度来评价其产品成熟度。具有分辨语意能力且具备如同真人一般的互动性是教育机器人理想的发展目标，语音识别、人工智能两项技术将是教育机器人的关键发展技术。需要继续研究感应技术、辨识技术、控制语言、机器人结构、无线网络、云端科技和仿生技术等，并从教育机器人的系统架构、教学平台管理、移动设备与管理端的关系进行规划。

第三，从教育机器人发展的整体趋势来看，教育机器人产业链已具雏形，涉及硬件制造、系统平台开发、应用服务提供、内容供应、系统集成、品牌及渠道等。教育机器人在分类形式上，主要有机器人学科教学、机器人辅助教学、机器人管理教学、机器人辅助测试、机器人辅助学习等形式。在类别划分上，分为面向大学的学习型机器人和面向中小学的比赛型机器人。其中，学习型机器人提供多种编程平台，并能够允许用户自由拆卸和组合，允许用户自行设计某些部件；而比赛型机器人一般提供一些标准的器件和程序，只能够进行少量的改动，适用于水平不高的爱好者来使用，参加各种竞赛使用。

中国教育学会会长钟秉林认为："未来，虚拟现实、增强现实和人工智能技术的发展及其与教育教学的融合，将颠覆传统教学过程，促使教师的角色发生转型，教师要从过去的知识传授者转变为学生学习活动的设计者和引导者，与学生形成新型的学习伙伴关系。随着学校教育、家庭教育智能化的需求普及，教育机器人的发展更加趋向全面化。"

广东教育机器人企业正蓬勃发展，在市场上大显身手。广东深圳狗尾草智能科技有限公司创建于2013年12月25日，是一家专注于情感社交机器人自主研发生产的创新型科技公司。这是一家由一群热爱机器人的极客、设计师和发烧友创立的公司，公司的每个人都对未来充满了无限的创想、激情与希望。他们致力于中文自然语音交互、人工智能、机器人硬件等领域的探索和创新，力求将科技和艺术实现完美融合、让每一款产品都贴近人文关怀，让机器人走入普通家庭，为用户缔造一种简单、舒适、便捷、有趣的智能生活方式。

依托自主研发的GAVE狗尾草人工智能虚拟生命引擎技术和基于海量数据构建的知识图谱能力，狗尾草成功打造的"公子小白"和"HE 琥珀"两个系列的AI虚拟生命生态产品，成为全球首款人工智能虚拟生命，足够特立独行。通过人工智能虚拟生命引擎等AI技术的应用，人工智能虚拟生命已具备人脸记忆、情感识别、语音交互等功能，具备可陪伴性、调教性、专属性等特性。自然语言交互机器人"公子小白"系列产品开创了人工智能语音交互机器人品类先河，上市3天售罄1000台；针对中国儿童市场推出的"公子小白"成长版系列产品，开售仅2个月就成为主流电商平台同类领先产品。

狗尾草智能科技创始人、RFC服务机器人产业联盟副理事长、中国智能家居联盟理事长邱楠表示："狗尾草代表着野蛮生长的顽强和倔强，创业本身不是件容易的事，特别是在AI领域，加上我们追求差异化，在走和别人不一样的路时会碰到更多的困难，这时候就需要我们学会坚持，像狗尾草一样学会顽强生长和抵抗。"

广东深圳勇艺达机器人有限公司被称为中国教育机器人行业领航者。这家以人工智能和机器人本体技术为核心的科技创新研发型企业，主要产品为智能教育机器人和商用服务机器人。该公司自主研发的重点技术包括

自适应AI交互，NLP，自主行走等。公司拥有强大的研发实力和人才优势，积累了约200项技术专利。公司已推出多款智能教育机器人及国内首款万平方米级场景服务机器人，并打造了勇艺达机器人云平台，目前云平台已运营4年，为用户提供约30亿次服务。

"教育机器人主要以教育场景为主，重点突出"人工智能+安全教育"，运用NLP、CV等AI技术首创安全教育个性化、可视化的交互体验，拥有行业内最全的安全知识内容，打造以教育机器人为载体的人工智能安全教育平台。"勇艺达产品总监刘伟介绍，他们的商用机器人以机场应用场景为中心，扩展到银行、政务、医院等场景，提供智能业务办理、自主送物等服务，在行业内首家实现商用万平方米级场景的自主移动应用。目前勇艺达机器人T1已在深圳宝安、广州白云等机场进行安检服务；勇艺达机器人A1已进驻国内约200家机场，年服务旅客数超过10亿人次。

2018年8月30日，在上海跨国采购会展中心Hall A举行的OFweek（第二届）中国人工智能产业大会暨2018"维科杯"中国人工智能行业年度评选颁奖典礼上，经过网络投票、专家评定以及媒体的综合评选，深圳勇艺达机器人有限公司喜获"OFweek 2018'维科杯'中国人工智能技术创新奖"。

2018年10月24日，勇艺达机器人凭借其在品牌建设、科技创新、商业模式等方面的突出表现，在"2018中国智造业年会"荣获2018中国智造"金长城"奖·卓越成长性创新企业。10月19日，在备受瞩目的"2018中国智能终端产业大会暨第二届中国智能终端大奖颁奖典礼"评选中，深圳勇艺达机器人有限公司荣获第二届中国智能终端优秀奖。

2019年1月15日—16日，粤港澳大湾区智能制造产业峰会暨广东省机器人协会2018年会在广东省河源市举行。本届峰会，以"深化合作·跨越发展"为主题，探讨人工智能、机器视觉、人机协作等技术快速发展为机器人技术和产业带来的变化与突破、机器人产业化计划发展之路、关键技术发展与市场格局变化、当前新消费背景下机器人应用需求新动向等热点问题。中国工程院院士、原华中科技大学校长、勇艺达机器人研究院名誉院长李培根发表主题为《AI与机器——若干趋势与案例》的演讲，他从人机智能、人机协同、生命与机器的融合以及无人系统等四大方面展开了对未来智能机器人发展趋势的探讨，阐述了"人机智能系统，即是人与机器融合，发挥各自的长处，以决策并执行对变化的环境或对象的合理或最优的反应"，并表示，人机智能系统的优势在于混合智能模式，综合了人和AI的优势。它将人类智慧集成到人工智能中，人的智慧反馈又使智能系统更聪明。"机器与人共融将是机器人未来发展的一个重要趋势"，"人机协同将成为机器人在制造业应用的重要方向，增强现实就是其中一种可以利用的技术"。

在峰会上，勇艺达产品总监刘伟还进行了新品小勇A1安全教育机器人的发布亮相，这款新品主要聚焦于安全教育，以游戏体验化教学的方式，采用了500条安全百科语料、300个安全小贴士、100个安全闯关故事，通过六大安全主题提高儿童的安全防范意识。这也是安全教育机器人的首次问世。

深圳天博智科技有限公司成立于2011年1月，是一家专注机器人与人工智能技术的高科技公司，总部设在广东深圳南山区高新技术产业区。创始人团队来自中国科学院、美国卡内基梅隆大学、香港科技大学等世界一流机器人与人工智能研究机构，有着深厚的技术积累和行业资源。该公司主要产品有智能语音识别芯片、智能玩具、机器人、人工智能技术等，并在智能语音识别芯片的研发和产业化方面有着独特的行业地位，正在努力成为让世界尊敬的儿童机器人与智能玩具公司。

2018年8月30日，由中国高科技行业门户OFweek维科网和HTC高科会主办，OFweek人工智能网承办的2018中国（上海）国际人工智能展览会开幕式在上海跨国采购会展中心成功举行。在这次展览会上，深圳市天博智科技有限公司展示了新研发的儿童机器狗。这是一款集陪伴、娱乐、教育于一体的儿童机器狗。

机器狗具有语音识别系统，能进行人机交互，可离线应用，用手机蓝牙连接即可操控，十分方便。而且机器狗具有视觉感应系统，可以灵活地躲避障碍物。机器狗的形象十分可爱，更能受到小朋友的喜欢，机器狗引导小朋友学习，能更好地激发小朋友的学习兴趣。机器狗的教育方向主要着眼于儿童的逻辑思维方面，着重于儿童整体思维能力的提升。机器狗身上还安装有触摸感应系统，能对人类的触摸做出不同的反应，显现了强大的交互能力。

同年8月在北京亦庄举行的世界机器人大会上公布了市场销售榜单，天博智生产的AI智能仿生机器狗"可旺"面市8个月售出50万台，一举夺得了热销榜的冠军。

天博智创始人兼CEO欧阳建军坦言："天博智最初成立时将目光放到了专供智能玩具使用的语音芯片上。目前天博智自主研发的语音芯片已经能够识别出32国语言，其芯片业务的客户覆盖全球顶级的消费级机器人和智能玩具公司，如迪斯尼、美泰、孩之宝等，此外天博智还是全球第二大的智能玩具语音芯片供应商。"

而在产品层面上，天博智采用的是"打造爆款"的方式，集中研发人员力量在一款产品上，而这也与欧阳建军的经营理念密不可分。他解释说，目前，在各方力量的推动下，人工智能和机器人行业发展过快，很多企业在并没有了解到用户真正需求的时候，便盲目推出产品，导致市场上产品同质化严重，因此天博智选择了一条"慢工出细活"的道路。天博智的运营团队花了3年的时间去收集狗的生活习性以及各种常见姿态，花了5年的时间研制分离式智能舵机，而可旺所搭载的具有32国语言识别能力的芯片，更是天博智数十年来的技术积累。

欧阳建军表示："我们不仅拥有一个成熟的儿童类语料库，能让可旺能够根据语音指令做出指定动作，同时在舵机方面，我们给可旺采用的是自研结构分离式的舵机，能够极大地降低产品的成本，也不会影响机器狗的灵活性。"

而可旺优秀的销售数据证明了欧阳建军策略的正确性。天博智打造的这款名为"可旺"的AI智能仿生机器狗，其西班牙语和葡萄牙语的版本也已经开始批量生产。而在未来，可旺不仅会有很多国家语言的版本，在功能上还将植入视觉、激光雷达等各种传感器，让它能够识别人，等等。我们会将可旺这只机器狗不断地迭代下去，最终做到让它比真正的狗还要聪明。未来我们还会做到让它能够上下爬楼梯，在家里也可以作为智能家居的控制中心。

天博智的产品正在进军国外市场，未来，希望能够成为中国最好的智能教育和玩具机器人企业。

第三节　大胆预测：2027年机器人将取代教师

著名学者托马斯·弗里德曼在《世界是平的》一书中写道，2003年世界上共授予了280万个科学和工程的学士学位，其中120万个授予在亚洲大学的亚洲学生，83万个授予欧洲学生，40万个学位授予美国的学生。在中国60%的学士学位是授予科学和工程专业的学生，而美国只有30%。这一支训练有素的科学与工程队伍正在加强一个国家的竞争力。在一个科学和技术占主导地位的世界里，这是一个国家竞争力的重要因素。因此许多国家都在大力推行以科学、技术、工程和数学四门学科为重点的STEM教育。集产教融合功能为一体的机器人教育将在此方面发挥重要的作用。

在广东，"机器人＋教育"模式正在蓬勃兴起。"瓦力工厂"是北京优宝贝教育旗下的一个子品牌，北京优宝贝教育是青少年机器人教育全生态链企业，业务涵盖自主知识产权硬件研发、设计和生产，配套课程编写、国内外赛事承办、教师培训认证、机器人实验室建设及线下的实体培训校区，开设一系列的业务。瓦力工厂机器人教育创始人李慕表示，瓦力工厂设立了机器人硬件课程，共有2个套系、8个型号的量产机器人投入教学使用，设立了3—14岁的整体连贯性的课程体系，已成为教育部重点课题，在公立学校和幼儿园全面开设机器人教学课程。目前在北京有开设15个校区，全国包括广东共有51个校区，开设250个加盟店。

广东瓦力网络科技股份有限公司负责人表示，瓦力机器人有助于培养孩子五大能力：第一，拓展孩子的空间想象力；第二，提高孩子的逻辑思维能力；第三，锻炼孩子的动手能力；第四，培养孩子的探索能力；第五，开发孩子的创造力。

广州乐高机器人教育隶属于乐高集团。乐高机器人的主打产品是积木。这种塑胶积木一头有凸粒，另一头有可嵌入凸粒的孔，形状有1300多种，每一种形状都有12种不同的颜色，以红、黄、蓝、白、绿色为主。它靠小朋友自己动脑动手，可以拼插出变化无穷的造型，令人爱不释手，被称为"魔术塑料积木"。

乐高积木的故乡在丹麦彼隆，发明者奥勒·基奥克，1891年生于丹麦比隆附近的菲尔斯哥夫村，早年是一位出色的木匠，拥有自己的木制加工厂。他为人忠厚，坚毅，性格乐观幽默，积极向上。 1932年经济大萧条冲击丹麦彼隆，所有的手工艺人都接不到订单，基奥克的木制厂辞退了最后一名工人。同一年，他失去了他的妻子，只有他和4个孩子相依为命，最小的孩子6岁，最大的孩子15岁。他开始懂得，生活不仅是一个美好的礼物，而且是一项艰苦的工作。但是他仍然对生活、对事业保持着热情，勇于尝试新的机会和新的技术。他接受了工业协会的建议，开始生产家用产品，作出了具有决定意义的改变——将他的木制厂的产品定位于生产玩具。他的决定受到了家人和一些朋友的反对，大多数人并没有认识到儿童玩具的重要性。但是基奥克认为玩具始终是孩子重要的伙伴，无论何时，孩子都不能没有玩具。事实证明，他的决定是正确的，短短几年后，他的木制加工厂就成为国际性玩具公司。

在广东，"机器人＋教育"的品牌企业还有格物斯坦。这家公司成立于2013年3月18日，总部在上海，是国内率先致力于 "AIRobot+Edu"领域产学研赛一体化的创新型高科技企业。通过引入受欢迎的STEM教育理念，公司致力于为3—16岁学龄前儿童与青少年提供创客创新教育一站式的整体解决方案。

格物斯坦先后在广东的江门、中山、广州和惠州等市设立校区。格物斯坦机器人创客中心江门校区校长肖忠强表示，教学的目标就是把更好的STEM理念传达给家长老师，把更好的教学输送给学生，远期目标是让更多的学生能够学到STEM教育课程。从2016起，格物斯坦机器人江门校区与江门市紫茶小学、江门市实验小学、江门市新会尚雅学校、江门中港英文学校、江门市北苑小学等20多所学校建立了合作关系。

表 11-2　格物斯坦广东开展格机器人教学系列活动大事表

2016 年 3 月 26 日	江门市格物斯坦机器人创客中心正式开业
2017 年 3 月 19 日	古镇镇格物斯坦机器人教育创客中心（中山古镇校区）开业
2017 年 5 月 1 日	2017 年 IRM 机器人华南赛区选拔赛
2017 年 7 月 1 日	东堤湾幼儿园科技机器人知识讲座
2017 年 9 月 1 日	天鹅湾小学机器人社团开学第一堂课
2017 年 10 月 1 日	江门校区正式成为中国机器人等级考试江门地区考试服务点
2017 年 12 月 1 日	乐丰幼儿园运动会圣诞活动助力机器人展览
2018 年 2 月 1 日	江门原雅书院科普机器人教育
2018 年 3 月 7 日	江海区天鹅湾小学机器人社团本学期开课
2018 年 3 月 14 日	江门市紫茶小学举行第十九届科技节，开设虚拟机器人编程班
2018 年 3 月 19 日	中国机器人等级考试在江门市实验小学举行，实验小学机器人开课
2018 年 3 月 20 日	江海区博雅学校机器人社团开课，文昌中英文学校机器人开课
2018 年 3 月 25 日	江门市港口校区开业
2018 年 4 月 23 日	2018 年 IRM 机器人创客大赛天鹅湾小学选拔赛
2018 年 4 月 25 日	江海区博雅学校幼小衔接活动
2018 年 6 月 14 日	福泉奥林匹克学校科技节
2018 年 8 月 9 日	第三届 IRM 国际机器人创客大赛全国赛格物斯坦的学员们取得广东省赛区总成绩第一
2018 年 8 月 29 日	江门市新会尚雅学校一年级新生机器人科普活动
2018 年 9 月 13 日	江门市新会尚雅学校格物斯坦机器人开课
2018 年 9 月 19 日	江门市中港英文学校机器人科学版第一课开始
2018 年 9 月 20 日	中山市古镇镇古四小学机器人科普知识

232

机智大时代

2018 年 12 月 6 日	江海区江南小学科技节
2018 年 12 月 8 日	首届江门市青少年机器人竞赛中，格物斯坦江门校区创意赛表现卓越
2018 年 12 月 9 日	江门市蓬江区北郊中心小学科技节

而位于广东省佛山市顺德区的利迅达机器人系统有限公司成立利迅达机器人培训学院，提供专业的工业机器人培训，针对不同层次的需求，为学员提供三种课程选择，即初级培训、中级培训和高级培训。利迅达机器人培训学校由机器人本体制造商技术专家、机器人集成商应用专家、大型企业技术应用专家、高校科研院所技术专家等构成师资团队，可以视为是针对成年人开办的"机器人＋教育"的机构。

"机器人＋教育"模式的兴起是社会各界关注的一大焦点。机器人成为人类学习的对象，表面看起来这好像是件遥不可及又令人感到有些恐惧的事，但是人工智能结合虚拟现实技术、多媒体技术等让它成为现实并非太难，只是如何要越来越符合教育的发展才是更重要的。

1994 年，美国麻省理工学院在全球率先开始尝试机器人教育与理科实验的整合，从此机器人教育在美国首先兴起并成为主要教学科目。20 世纪初，日本是世界上第二个重视机器人教育的国家，如今日本成为世界上机器人教育水平和机器人文化普及水平最高的国家之一。

2003 年，中国颁布的普通高中新课标将"人工智能初步"与"简易机器人制作"分别列入"信息技术课程""通用技术课程"选修内容。同年，教育部新制定的《普通高中物理课程标准（实验）》也提到"收集资料，了解机器人在生产、生活中的应用"的要求。2006 年，新加坡举办了第一届亚太 ROBOLAB 国际教育研讨会，就机器人教育及其在科技、数学课程里的应用进行交流。

机器人教育现已成为全球化的一个浪潮。在未来进入教育信息化、数据化的大时代，教育领域将全面深入地运用现代信息技术来促进教育发展。社会教育随着科技的发展而不断进步，为了达到理实交融，拥有具备

233

科学素养的人才，"机器人＋教育"必然就成了新时代的课题。

当前，国内外机器人教育都是通过设计、组装、编程、运行机器人，激发学生学习兴趣、培养学生综合能力。综观国内外，机器人教育的推进主要有四大类型。

第一种方式：机器人学科教育

机器人学科教育，是指把机器人学看成是一门学科，以课程的形式，让学生学习认识关于机器人学的基本知识与基本技能。在2009年，机器人教育已经进入大学教育，列入了自动化、人工智能等相关专业的课程之中，北京大学、清华大学、北京航空航天大学、哈尔滨工业大学、中国人民解放军国防科学技术大学等国内高校均开设机器人相关课程。

第二种方式：机器人辅助教育

机器人辅助教育是指以机器人为主要教学媒体和工具所进行的教与学活动。在如今的教育教学中，时时刻刻都离不开机器人辅助教育，上课时老师使用投影仪、扩音器；审阅考卷时用机器来批改；读书时孩子借用电子产品学习，想知道答案解析，只要用手机拍一下，想听老师讲解，只要用手机扫一下。与机器人课程比较起来，机器人辅助教育的特点是它不是教学的主体，而是一种辅助，即充当助手、学伴、环境或者智能化的器材，起到一个普通的教具所不具备的智能性作用。

第三种方式：机器人管理教育

机器人管理教学是指机器人在学校的教学、教务、财务等教学管理活动中所发挥的计划、组织、指挥作用，属于一种辅助管理功能。机器人管理教育几乎覆盖学校的所有部门。随着新高考制度的推行，走班制成为新的教学模式。在没有机器人管理教育的时候，如何合理排课成为一个亟待

解决的难题。现在用机器人算法进行排课，学生可以提交自己的需求，系统可以结合课程、教室、师资等多方面进行快速排课，极大提高效率与学生满意度。这将是教育的重大改革。

第四种方式：机器人主持教学

机器人主持教学是机器人在教育中应用的最高层次。在这一层次中，机器人成为主角，取代人类成为教学组织、实施与管理的主人。

联合国教科文组织在2015年提出了可持续发展的2030议程，计划通过可持续发展消除知识"贫困"。这个决议的一个目标就是确保世界上的每一个人都能够获得优质教育。项目目标包含借助教育设施的升级和合格教师的指导让人们完成免费的中小学教育。

对于一些国家来说完成这个目标是个艰难的任务。联合国教科文组织的报告称，当前大约有9%的小学年龄段的儿童（5—11岁）无法入学，中学年龄段的失学儿童（12—14岁）数量达到了16%。超过70%的失学儿童生活在南亚和撒哈拉沙漠以南非洲地区，在那里大多数学校都没有电和水，而且按照年级水平来说，26%和56%的小学、中学老师未得到足够的培训。

为了实现联合国教科文组织设定的平等接受素质教育的目标，全世界需要更多的优秀教师。教科文组织报告称，我们需要增加2010万名中小学教师，而且需要为在岗教师找到接班人，因为预计在未来13年里有4860万教师会由于退休或者追求更高的待遇和工作条件而离开岗位。

人工智能也许是解决这个问题的有效方案。2018年英国一位教育专家安东尼·塞尔登在9月份的科技节上做出了大胆的预测：2027年机器人将取代教师。塞尔登或许是第一个为自动化教育设定一个截止日期的人，但他却不是第一个提出科技可能取代人类工作的人。有专家提出自动化系统将取代那些人类不适合的工作行位，比如说枯燥、肮脏和危险的工作。而且这种变化已经出现，机器人已经开始清理核事故遗址，并且从事建筑工作。

中小学教师的独特需求让这一岗位区别于其他面临自动化威胁的工作岗位。学生们的学习是有差异的，一位优秀的教师在授课时必须找到一种方法让班级的所有学生产生共鸣。但是一些学生的好动性格或者心理问题会让这一过程变得复杂，一些学生的教育或许存在家长干涉过多或者毫不上心的情况。优秀教师必须能够克服这些障碍，满足时常变化的课程需求。

机器人教师不需要休假而且永远都不会迟到。管理人员能够将课程变化上传给所有的机器人教师。如果程序设定正确，它们也不会因为性别、种族、社会经济地位或其他原因对学生们产生任何偏见。

当然这种机器人教师进入教室之前我们还需要很长一段路要走。联合国教科文组织宣称，今天的机器人在教育质量方面完全无法超越人类教师。伦敦大学学院知识实验室的罗丝·卢金教授称，事实上机器人至少还需要10年时间才能做到这一点。

2018年4月27日，广东省机器人协会教育专业委员会成立大会暨2018"创客广东"机器人产业链创新创业大赛启动仪式在广东机电职业技术学院北校区隆重举行，20多所职业院校成为广东省机器人协会教育专业委员会的第一批成员。广东机电职业技术学院院长郑伟光说："成立教育专业委员会举办论坛是为了进一步推动职院对智能制造专业群的建设和人才培养，拉近与高端智能制造企业的距离，深度促进产教融合。共同参与助推'中国制造2025'的良好契机，将进一步加快职院推动专业转型升级，促进智能制造产业和专业对接，加快培育智能制造领域新工科人才。"

2019年3月6日，广东省教育研究院发布了《关于开展STEM教育实践研究课题交流暨"同一堂课·走进STEM项目式学习"活动的函》，根据中国教科院、广东省教育研究院STEM教育协同创新中心工作计划，针对广东省首批STEM教育实践研究课题和广东省承担的中国教科院"STEM教育2029创新行动计划"立项课题开展相关培训交流活动。

STEM是科学（Science）、技术（Technology）、工程（Engineering）、数学（Mathematics）四门学科英文首字母的缩写，其中科学在于认识世界、解释自然界的客观规律；技术和工程则是在尊重

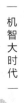

自然规律的基础上改造世界、实现对自然界的控制和利用、解决社会发展过程中遇到的难题；数学则作为技术与工程学科的基础工具。由此可见，生活中发生的大多数问题需要应用多种学科的知识来共同解决。STEM课程重点是加强对学生四个方面的教育：一是科学素养，即运用科学知识（如物理、化学、生物科学和地球空间科学）理解自然界并参与影响自然界的过程；二是技术素养，就是使用、管理、理解和评价技术的能力；三是工程素养，即对技术工程设计与开发过程的理解；四是数学素养，就是学生发现、表达、解释和解决多种情境下的数学问题的能力。

广东省有51所中小学入选"中国STEM教育2029行动计划"的领航学校、种子学校，正在举办电动越野车、中小学电脑机器人暨粤港澳创新教育交流活动、培育机器人、航空航天、数学技术、海洋生物、学生创客节等各种活动。集产教融合功能为一体的机器人教育将在此方面发挥重要的作用。

第十二章

时代巨浪：机器人终将和我们在一起

科学技术就像空气和水一样，弥漫渗透到社会肌肤的每一个毛孔和细胞。它对人类文明所产生的物质影响和非物质影响是无可估量的。

——国家发改委经济研究所发展战略与规划研究室主任　孙明哲

人工智能将在2029年左右达到人类智力的水平。再进一步到2045年，我们将会把智能技术，人类文明所创造的生物机器智能的能力扩大10亿倍。

——美国发明家和未来学家、谷歌工程总监　雷蒙德·库茨魏尔

第一节　华南首例：机器人辅助做手术

夕阳西下，车水马龙。带着工作一天后的疲惫身心步履匆匆地穿过城市的

十字街头，内心百味杂陈。都市生活的喧嚣和焦虑总令人感到无比烦躁，"问夕阳，这陌生的脸，能否走进熟悉的家园"，疲倦的心还能否听懂那渔歌唱晚。

然而，当你推开家门的那一瞬间，惊喜看到的竟是烛光下已精心烹制好的美味无比的晚餐。体贴懂事、温情可爱的机器人正微笑着说："欢迎主人回家，请享用美食。"当你享用完美味的晚餐后到风景优美、空气清新的小区公园里散步时，机器人帮你把盘盘碗碗清洗之后，还顺便把地板也拖干净。此时你会感到看日落是多么的惬意，生活无比的舒适，城市的夜景变得分外美丽。

这不是天方夜谭。机智大时代潮涌而来，理想照进现实已进入了倒计时。

2019年新年伊始，《福布斯》向关注未来的风险投资家和技术专家征集了2019年的最佳预测。科技初创公司咨询公司Varidus董事长兼首席执行官希瓦·文卡塔拉曼在新加坡做了五个大胆的预测：AR将成为主流，一个杀手级应用将会出现；以无人机为基础的出租车服务将出现在主要拥挤的城市；第一个使用人工智能的伦理困境将引起争论；机器人女佣服务将启动；20国集团（G20）中的某个国家将推出一种加密货币。

当机器代工并在工厂里得到广泛应用之时，在医疗服务领域里，机器人早已登堂入室，在南粤大地特别是在经济飞速发展的珠三角地区构筑起一道道奇特的时代新风景。

让时光倒流回到2017年9月16日上午，广东省佛山市中医院正在进行一台医生和机器人共同完成的辅助骨折固定手术。患者陈先生于一天前不慎跌倒，导致股骨颈骨折，需要进行闭合复位内固定术。当天，佛山市中医院院长刘效仿上阵担任主刀医生，同时，手术室里迎来了一张全新面孔——骨科手术机器人。手术机器人由三部分组成，包括光学跟踪相机、六轴机械臂和机器人操作系统，骨科手术机器人已成为手术团队的重要一员。手术现场，患者的骨折影像通过C型臂X光机被同步传输至机器人操作系统。刘效仿则在系统屏幕上设计空心钉的植入路线和位置规划。做好规划，机器人接收到指令后开始运行，根据设计好的进钉路线，机械臂自动伸展并将安装在"手臂"末端的套筒精准定位到患者皮肤表面、空心钉导针轴线位置。随后，刘效仿沿着套筒向患者骨折部位钻入2.8mm导针，之

239

后通过X光影像扫描检验导针位置与前期规划是否完全一致。在确认准确无误后，机器人再次运转，定位到第二根导针进入的位置。医生在机器人的引导下，钻入第二根导针。经过扫描，两根导针进入的深度和角度均与前期规划完全一致，最终，两枚直径7.3毫米的空心螺钉顺着导针的指引被准确拧进骨折部位，顺利实现微创内固定。

"这台手术只用了20分钟，而传统手术则要耗时50多分钟。"刘效仿说，手术效果令人满意。以往的股骨、颈骨骨折空心螺钉内固定术，医生通常是凭借经验、手感、空间想象和术中反复的X光透视，验证导针进入的角度和深度来完成操作，手术操作困难，且风险较高。通过机器人的智能辅助、精准定位，医生将空心螺钉准确打入骨折部位，精度达到亚毫米级，手术时间缩短了大约一半，减少了对病人的二次损伤以及术中辐射，大大提高手术效率和质量。

佛山中医院这台医生和机器人共同完成的辅助骨折固定手术是华南首例。

此后，佛山市中医院开始着手创建国家级骨科手术机器人应用中心。

示范作用产生了巨大的效应。2017年9月，广东南方医科大学珠江医院启用名为"玛卡"的糖尿病管理人工智能机器人，并于当年10月底完成内部测试后全面投入使用。广东省将在10个地级市的县级医院投放该系列机器人。

"你好，我是糖小护，请问有什么问题需要帮忙？"在广东省智能化肥胖糖尿病管理中心启动现场，1.6米高的智能机器人"糖小护"正亲切地与患者进行对话。"糖小护"具有一身"本领"，不仅可以顺畅地对话交流、回答问题，还具有"数据采集""风险评估""视频通话""知识宝库""饮食推荐""在线医护"等功能。

"患者通过蓝牙血糖计、蓝牙血压计采集相关数据后，机器人可以马上读取并给出饮食建议，这将为医院节约不少时间。"珠江医院内分泌代谢科主任陈宏教授称，设立在各家医院的机器人采集和分析汇总的数据，将来会形成全省的糖尿病分析大数据。当医生门诊很忙碌的时候，机器人还可以分担一部分工作，例如刚发现糖尿病的病人或是不知血糖该如何合

理控制的病人，可以到糖尿病专科护士处，录入数据后，机器人可以为其进行健康指引。

"除了在门诊工作以外，在病房里，机器人可以承担陪伴、监测、健康提醒、健康教育等工作。"珠江医院内分泌代谢科陈容平主治医师表示，健康机器人将构建"智能化"健康体系，联合"精准医学检测"，为患者提供"随到随用"的精准健康管理服务。

在政策和技术的推动下，医疗各细分领域的机器人纷纷走向医院开始试验。广东医用机器人正在从概念走向落地，产业化步伐在加快。研发医用机器人的热潮变得如火如荼。2017年岁末，广东深圳罗伯医疗科技有限公司研发推出的医用机器人——无人车，主要针对医疗资源匮乏的现状，解放人手，提高效率和安全性。

负责这款医用机器人项目研发的张剑韬以运送血液样本为例："医院使用的血液样本在保存时间上是有要求的，但是人配送的时候，要等血液样本数量积累到一定程度时才会配送，这可能会耽误及时性。而且，这部分工作一般是由护士来承担，很枯燥也要耗费不少人力。无人车可以随时运送，并且将护士解放出来，以便有更多的时间和精力用于提升专业技术和增加对患者的人文关怀。"

根据设计，这款无人车可以通过垂直电梯跨楼层配送，理想状态是能在医院的各个科室之间运送物品。在安全性上，该无人车配有指纹和刷卡双重身份认证，以保证车上的样本不被其他科室或患者取走，防止样本丢失或被污染。

目前国内研发医用无人车的企业并不多，这个产品尚处于刚刚兴起的阶段。不过，据张剑韬了解，在国外如瑞士，医用无人车的发展要领先一步，已经在部分医院开始应用。"他们在路线的自动规划上做得很不错，但是他们的路径要简单很多，因为国外的一般是专科医院，人少，而中国的很多是综合性医院，诊室多，路径复杂，机器人在移动的过程中可能会遇到老人、小孩或者残疾人。这就要求机器人要精准测量距离，因为这些特殊人群不能快速避开。我们采用了激光自主导航来解决这个问题。"

与此同时，中国康复机器人行业发展迅速，目前中国康复市场（含民政系统、残联系统、康复产品专卖店）总的市场容量为4000亿元。医用康复机器人成交价在100万—500万元/套，预计中国医用康复机器人的市场容量在100亿元左右。康复机器人将成为医用机器人的第二个风口。据有关机构分析，预计到2020年，全球康复机器人销售额（行业规模）市场规模将达到17.3亿美元，复合年均增长率达24.51%。康复机器人市场在美国欧洲等发达地区的市场份额及增速要明显高于发展中国家。

康复机器人的出现极大降低了康复师的工作量，提高了康复治疗效率，并能促进患者的主动参与，客观评价康复训练的强度、时间和效果，使康复治疗更加系统化和规范化。发达国家的广阔市场前景催生了众多康复机器人厂商，它们投入了巨额的研发及推广资金，大大提高了康复机器人的技术体验和在治疗师及民间的知名度，进一步促进了康复机器人的普及。

在中国生产康复机器人的重点企业有傅利叶智能、大艾机器人、礼宾医疗科技、安阳神方、璟和机器人、睿瀚医疗、尖叫科技等企业。广东一康也是其中重要的一员。广州一康医疗设备实业有限公司成立于2000年，总部位于广州，法定代表人是都吉良，产品主要分为运动康复、物理治疗和康复评定等多个系列，包括A1-下肢智能反馈训练系统、A2-上肢智能反馈训练系统、A3-步态训练与评估系统、A4-手功能训练与评估系统等，通过实时模拟人体手指与手腕运动规律开发而成，具有手指屈肌力信号与伸肌肌力信号评估功能，同时既可以训练手，也可以训练腕部。

专家指出，随着"AI+医疗"的进一步融合、深入，适用于细分医疗领域的AI辅助技术也在不断加强。服务机器人多个应用场景中，医疗必然是最重要之一。医疗机器人不是简单的科技辅助，而是治疗环节的一部分，它们的角色开始转为"医组成员"，它们会测量患者的脉搏、扫描生命体征、阅读病历记录甚至进行手术。医疗机器人的发展，意味着全世界的人将能得到更为普惠的医疗救助，获得更好的诊断、更安全的微创手术、更短的等待时间、更低的感染率，以及提高个体的长期存活率。

第二节　机器人正在替代的工种

2017年，阿里云公布了其研发的专门应用于海报制作的AI"鲁班"（现改名为"鹿班"），阿里鲁班智能设计平台一秒制作出8000张不雷同的促销型海报，同样的设计让一名设计师不吃不喝一天最多只能完成50张，智能设计平台一天完成的制图量用人工制作的话要40多天。人工智能如此惊人的速度正在挑战不少行业。美国《华盛顿邮报》盘点了机器人能很快取代人类的八个行业：快递业、快餐业、服装销售、超市、运输业、农场、电子产品生产和低技术含量的实验室工作。随着人工智能的加速发展，机器人将会逐步取代人类的大部分工作，人类的工作和生活环境在不知不觉地改变，世界各大经济体也在从政策上尝试变革、探索，以顺应时代发展的需要。是终结，也是开始，面对这样的变局与挑战，我们既不必恐慌，也不能麻木，未来无论发生什么样的改变，要适应人工智能时代，都必须具备深厚的专业素养和创造力，现在就要去规划更有意义和价值的工作。

创新是广东的个性，向科技要生产力是广东的使命。机器人在工厂车间扮演着不可或缺的重要角色的同时，也被广东人赋予了新的作用。

2017年1月1日晚上8时，央视综艺举行元旦特别节目《飞龙醒狮耀中华》，来自广东深圳优必选科技公司生产的机器人压轴登场。624台狮子造型的Jimu机器人红黄各半，通过编程自动做出复杂多变的舞狮动作，摆出的方阵气势恢宏。舞台中央，两名"唱跳歌手"——2台Alpha机器人卖力演绎歌舞《奔跑》。

"优必选的Jimu机器人运用机器人理念颠覆传统积木，玩家可以随心所欲地进行拼搭、编程、分享，创造出独一无二的Jimu机器人，并让他们真正动起来。"优必选创始人兼CEO周剑此前接受采访时表示，在成立公司之前，自己带领团队蛰伏五年，耗资5000万元，自主研发人形机器人核心部件伺服舵机。从Alpha1机器人到Jimu机器人，再到斩获"2017年CES

创新大奖"的Alpha2机器人，优必选迅速完成了人形机器人产业链布局，与国际巨头亚马逊、苹果等达成战略合作。在国内，优必选的推广策略则是直接与学校联系，在课堂上使用机器人参与物理知识的教学。优必选与包括深圳华侨中学在内的几十所中学达成了合作。

优必选的发展目标，是用商业反哺技术，探索出一条符合自身发展的商业道路，构建机器人生态圈，力争让机器人走进千家万户。

这是机器人走出工厂走上社会大舞台的重要序篇。2017年元月，广东公安机关"飓风2016"专项行动成果展深圳专场在广州举行。据统计，2016年全省打击犯罪、破案近24.5万起，刑事立案下降16.5%，"飓风"行动打出"广东效应"。深圳市公安局展现了8个科技感十足的警务节目，体现科技在现代警务中的重要作用。其中亮相的智能安保机器人"小安"令人眼前一亮，"小安"不但能回答乘客各种问题，而且能提供智能安保服务。在机场，"小安"更重要的工作是识别可疑人员，特别是在逃人员，若在逃人员出现在"小安"的视野里将无处遁形。一名接受试验的观众，在"小安"面前捂住口鼻，"小安"立即发出警报。民警介绍，"小安"在进行人像识别的时候，能将现场人员的大头照在10秒钟之内传输到后台，与嫌疑人进行比对，如果发现是在逃人员，警方可以进行现场抓捕。当遇到紧急情况，"小安"可利用自带电防暴叉、电击枪或致盲强光等设备，声光警示并威慑可疑人员，及时预防犯罪。

智能安保机器人进入警营，赋予广东公安坚定不移走创新之路新内涵，创立了从传统的警务模式走向大数据时代的科技支撑、信息引领的警务新模式。

2017年1月10日，全国首款大型商用服务机器人"大宝"正式在深圳上线。这款机器人由深圳保千里视像科技集团研发，身高1.5米，肩部、肘部、手臂均采用类人关节设计，拥有与人类交互沟通能力。"大宝"成了酒店的宠儿，当客人进入酒店后，大宝便热情迎接并根据需求推荐客房、办理入住手续，并将行李送入房间，为客人配送定制美食。大宝还可以从事诸多精细复杂的动作，能够在转运空间有限、作业通道狭窄的环境下保持高效工作，代替真人服务生；拥有敏捷的全方位避障功能；可负重100公

斤，兼具多种搬运模式，重心可以自动调整，具备多种人工替代功能，可谓智勇双全。同时，它还是一个"多才多艺"的"活宝"，唱歌、跳舞等样样精通。

2017年10月，广东省中山市供电局迎来了无轨智能巡检机器人——"大眼萌"。广东省中山500千伏桂山变电站巡检中心是"大眼萌"的工作单位，他每天按时按点上班，还能按时"回家"充电。"大眼萌"可以按照巡检维护工作人员精心设定的3条线路，穿梭在变电站造型各异的繁多设备之间，具有红外检测系统和摄像设备，可以准确采集收录变电设备上的各种数据。另外，"大眼萌"通过拾音器，采集设备运行中发出的声音，经过"大脑"的分析比对，可以发现设备内部异常；同时，可将各种数据在第一时间同步传送到后台监控系统，工作人员能够很快了解变电站运行的状况，及时发现问题、解决问题。他具有超出常人的工作能力，出色完成了在超强台风、冰雹等恶劣天气袭击时的多场巡线任务，查出多宗隐患并及时排查，保证了供电的安全可靠。

2017年10月广州市公安局出入境接待大厅迎来了一台名叫"小蓝"的出入境机器人小助手。"小蓝"身高1.2米，头戴耳机，业务办理人对他说出境目的地"法国"两字，"小蓝"便会依次询问业务办理人的人员类型、年龄、证件情况等信息，办理人只需根据实际情况选择，机器人就会列出办理证件所需要的材料及办理地点，代替了现场的人工咨询。

"近年来出入境管理部门不断创新，提高服务水平，办证流程简化、科技含量更高。自2015年以来，广州推进出入境自助办证网点建设，截至目前共建立119个自助办证点，其中57个24小时对外开放。"广州市公安局出入境管理支队副支队长陈文洪说，随着来穗外国人越来越多，广州公安还优化了涉外服务，2016年经公安部和省公安厅授权，南沙等七个区开办外国人签证签发业务，在"家门口"即可办理，2017年又研发推出了出入境业务网上智能咨询服务系统境外人员服务板块，方便境外人员在线咨询。在这样的背景下，广州公安出入境管理部门联合相关的科研机构研发出了这款机器人，利用人工智能应答和语音交互系统完成出入境业务的咨询工作，而其内置的地图和导航功能则可以带领前来办理业务的群众到达指定区域。这款机器人2017年处于试用阶段，2018年正式推广使用。

　　2017年10月，广州双层旅游观光巴士多了一位特殊的乘务员——一个呆萌可爱的机器人。它有着圆滚滚的脑袋和陶瓷一样的身体，两只手臂会随着说话摆动，胸前有一块12英寸的触控彩屏，能查公交换乘信息和出行资讯，当乘客对准它时还能自拍，自拍的图片可以通过同名APP存到手机上，甚至还具备美颜功能，此外，嗅觉灵敏的它还能感知火源，紧急报警。这个呆萌车载机器人还自带Wi-Fi，乘客可通过机器人自带Wi-Fi热点功能连接其手机APP，进行面对面或远程控制，指导其挥臂、转头等动作，实现灵活的肢体运转和完美的协调联动。

　　这个机器人身体的侧面还拥有USB充电口，能为乘客提供应急充电。乘客在手机APP上注册登录后，还能在公共聊天室看到同一辆公交车上的用户，发起聊天，未来还能实现网购。这也是在乘车过程中一个解除烦闷的方式。值班公交司机说，公交车里除了常规安检仪器外不方便设置大型安检设备，这个车载机器人可帮了忙：它内置了红外报警器和火源、气味传感器等高级传感器，默默对车内乘客安全状况进行实时监控，保障行车安全。一旦发生火警，它能马上发出警报，提醒司机和乘客。

　　机器人正在超能的路上不断迈进。2017年8月8日21时19分46秒，四川省北部阿坝州九寨沟县发生7.0级地震，中国地震台网的机器人写出了第一篇新闻稿，用时25秒；而在今日头条上，一个名叫小明的机器人在5个月的时间里就完成5139篇体育类报道，总阅读量超1800万次。

　　2019年年初，《纽约时报》广泛调研后撰文称，随着记者和编辑发现自己成为数字出版商和传统报业裁员的受害者，由机器人记者主导的新闻行业正在迅速崛起。除了财报分析、数据维度等文章，由机器参与的媒体环节也越来越多。一个新的时代，已经来临。

　　在彭博新闻社（Bloomberg News）发布的内容中，大约有三分之一的内容使用了某种形式的自动化技术。该公司使用的机器人系统Cyborg能够帮助记者在每个季度撰写数千篇关于各公司财报的文章。该程序可以在财报出现的那一刻对其进行剖析，并提供包含相关事实和数据的实时新闻报道。一些商业记者可能认为从事这类工作简直乏味得让人打瞌

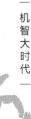

睡，但是机器人记者这样做是毫无怨言的。Cyborg系统不知疲惫，而且非常准确，这帮助彭博社与其主要竞争对手路透社（Reuters）在快速变化的商业金融新闻领域展开了竞争，同时也给了彭博社与较新的参与者——对冲基金——竞争的机会：后者利用人工智能为客户提供最新的资讯。除了为彭博社报道公司财报外，机器人记者还为美联社（The Associated Press）撰写了多篇关于小联盟棒球赛的文章，为《华盛顿邮报》（Washington Post）撰写了高中足球赛报道，并为《洛杉矶时报》（Los Angeles Times）撰写了有关地震的文章。美联社新闻合作主管丽莎-吉布斯说："新闻业的工作是有创意的工作，它涉及好奇心，需要会讲故事，需要挖掘和追究政府责任，需要批判性的思考，需要判断力——这就是我们希望我们的记者花费其精力的地方。"而早在2014年，美联社就与Automated Insight公司达成协议，成为机器人记者的早期采用者。Automated Insight公司是一家专门从事语言生成软件的科技公司，每年生成数十亿篇机器生成的故事。除了依靠该软件来生成小联盟和大学比赛的新闻外，美联社与彭博社一样，还利用它加强了对各公司财报的报道。自从与Automated Insight公司联手以来，美联社发布的关于财报的文章已经从每季度300篇增加到3700篇。《华盛顿邮报》也有一个名为Heliograf的内部机器人记者，它在报道2016年夏季奥运会和2016年选举时证明了自己的实用性。2017年《华盛顿邮报》还在一年一度的全球大奖中获得了"巧妙使用机器人奖"，该奖项表彰该报在大数据和人工智能应用方面取得的成就。

2018年6月，世界级领先的全球管理咨询公司麦肯锡发布了一份报告，公布了决定未来的十二项技术：物联网、3D打印、移动互联网、自动化交通工具、云计算、可再生能源、新材料、人工智能、能源存储技术、机器人、基因组技术、非常规油气勘探技术。这些都是当前变革发生的重要领域。可以预见，人工智能的应用领域也将被拓展得更广泛。

第三节　构建机器人生态圈

人工智能已迎来第三次高速发展，服务机器人应用场景和服务模式正不断拓展，自2013年以来全球服务机器人市场规模年均增速达23.5%，2018年全球服务机器人市场规模达到92.5亿美元，2020年将快速增长至156.9亿美元。国家发改委、工信部和财政部共同制定的《机器人产业发展规划（2016—2020年）》明确，到2020年，中国实现服务机器人年销售收入超300亿元。服务机器人呈现出五大发展趋势：更加拟人化，更加体贴化，更加专业化，更加超能化和应用更加广泛化。"将来一个人身边应该会围绕着四五个机器人，他们将从帮助人类解决劳动问题的仆人，逐步发展成为最了解我们和可被信任的家人。"深圳市优必选科技股份有限公司创始人周剑说："对于人工智能的未来，人类社会上没有一个制度是永恒的。站在历史的高度看问题，一切都能迎刃而解。"

让机器人做家务？越来越"聪明"的机器人，能够走进普通人的家庭，充当一些家务的帮手吗？这样的梦想即将实现。

2017年9月21日，国际机器人大会在广东省佛山市禅城区拉开帷幕，多位国际一流的人工智能、机器人领域科学家分享了他们的最新研究成果，服务机器人成为热门话题之一。 来自奥地利维也纳技术大学自动化与控制系统学院终身教授、博士生导师马库斯·文茨正在研发家用服务型机器人，最终让机器人成为能帮忙做事的家庭新成员。

无独有偶。2018年5月30日，麻省理工学院计算机科学与人工智能实验室（MIT CSAIL）、多伦多大学、麦吉尔大学和卢布尔雅那大学等机构的研究人员在盐湖城举行的计算机视觉与模式识别会议（CVPR）中发布了一篇这方面的新论文。他们展示了一套名为"虚拟家庭（Virtual Home）"的系统。该系统可以详细模拟人的行为和让人工智能主体完成家务活。这为将来教会机器人做家务提供了可能性。研究人员使用了近3000

个不同类型的行为来训练这套系统，例如煮咖啡会包含"拿起杯子"这样的步骤。研究人员在模拟的3D世界中展示了虚拟家庭系统。人工智能主体可以在模拟世界中完成大约1000个交互，场景包括客厅、厨房和卧室等。与人类不同，机器人需要更明确的指令来完成看似简单的任务——机器人还不具备推断和推理能力。

2019 CES国际消费电子展于2019年年初在拉斯维加斯举行，这项创办于1967年的展会，迄今已有52年历史，是目前世界上规模最大、水平最高和影响最广的消费类电子产品展览会之一。作为展示最新科技的全球舞台，CES云集当前最优秀的消费类电子传统厂商和科技新秀，展示其最先进的技术理念和产品。

家用服务机器人成为此次展会的焦点。来自广东深圳的优必选公司在2019 CES中展出的感知型机器人Walker成为明星产品，一经亮相就受到了不少国内外媒体的围观和报道。这款机器人由优必选全自主研发，是一个大型仿人服务机器人，它身高1.45米，重量77公斤。机器人的造型呆萌，给人一种亲切感。它的四肢，包括手指部位都可以像人一样灵活转动，此外它还有包括视觉、听觉等的感知能力，内置AI，可实现全方位的人机交互。

优必选带去的第二款产品是悟空机器人。这是全球真正意义上相对成熟的一款量产的小型智能机器人，为数不多地实现了人工智能语音、人脸识别、物体识别等技术在人形机器人上的商业化应用，不仅延续了优必选机器人灵活的运动能力，还具有语音交互、智能通话、人脸识别、绘本识别、视频监控、物体识别、AI编程等强大功能，可应用于家庭、社交、教育、办公等多个场景。

在本次展会中，来自日本的Yukai带来了陪伴型机器人Bocco Emo，旨在为儿童和老年人提供密关注和陪伴。它能读取短信、控制智能家居设备，并在门锁上时通知你，也能给你提供天气信息，显得更"善解人意"、更有表现力。它听到自己的名字就会做出反应，会有感情地读出信息，还可以根据说话人的语调识别说话人的情绪状态，并做出相应的反应。

韩国三星在2019 CES展上发布了Bot Care、Bot Air和Bot Retail三款机器人产品。其中，Bot Care是一个关注家庭用户健康的机器人，外表为白色，机器人"面部"配有一个屏幕，不仅可以反映机器人的"表情"和"情绪"，还可用来显示主人的生命健康指标信息。Bot Care护理机器人可以与用户进行语音交互，监测用户生命体征，测量血压和心跳，还可以监测睡眠，播放音乐。它可以跟踪主人的药物摄入量、监控主人的睡眠，并根据主人的身体情况提供身体的拉伸和锻炼指导，如果主人遇到突发健康问题，它还可以自动拨打当地的急救服务。

韩国LG在2019 CES推出更新版穿戴式机器人CLOi SuitBot。这种机器人需要工人戴在腰间，其一部分延伸至背部下方，另一部分延伸至腿部。LG CLOi SuitBot机器人的工作原理是检测人类腰部的弯曲角度何时会超过预设的阈值，当用户的腰部自然调整以吸收上举重物带来的负载时，机器人就会额外施加预设水平的力，提供对拉力的支持。

广东宝乐机器人股份有限公司就是在这个平台向来自全球200多个国家的电商展示了这款最新研发的人工智能产品——科语品牌的星空系列扫地机器人。其搭载激光雷达+AI摄像头联动定位导航系统，将激光识别与摄像头识别结合在一起，让扫地机主动适应实际作业环境，规划出最佳清扫路径，实现更好的清洁覆盖，解决一般扫地机遇到的清扫死角难以处置的问题。科语是由广东宝乐机器人股份有限公司在多年研发、制造经验的基础上，针对国内智能扫地机器人市场需求创立的自主品牌，宝乐生产的扫地机器人科语星空系列扫地机器人破解了对光线条件依赖的局限，不仅可应用于弱光、弱纹理、强光等光线复杂室内场景，更可智能识别室内上百种图像物体并分类记录以及视觉测距和避障，比如像纸屑、宠物毛发、饭粒等，扫地机将其识别为可清扫物体，而对于不适合清扫的黏性糖果、宠物排泄物等垃圾和不需要清扫的鞋子、玩具等物品，则判断其为障碍物。此外，这款机器人采用了激光头可升降设计，在造型上可谓科技感十足，当然，使用激光头可升降设计，最主要还是考虑到当前用户在使用扫地机的过程中，因激光头的外凸保护罩，导致扫地机在进入床底、沙发底等较低场景清扫时，容易出现磕碰，以及因此通过场景受限的痛点。相信这一功

250

机智大时代

能可以大大拓展扫地机的清扫范围，进一步解决家具底下这些棘手空间的清洁问题。在人机对话方面，通过具备声源定位、远场降噪、波束成型、回声消除等特点的多麦阵列，可实现远场语音控制。目前星空系列扫地机器人已出口全球40多个国家，在欧洲市场ODM销量更是稳居前列。

"科语正在推出W902擦窗机器人，这款产品拥有专利过缝技术和镂空擦窗布设计，配合气压传感器系统，实现了细缝畅通清洁。"广东宝乐机器人股份有限公司负责人告诉记者，擦窗机器人可以仿人工擦窗，高频率横擦多维度清洁，擦、刮、抹三重清洁让玻璃极致透亮不留灰尘；能自适应玻璃，提供多种清洁模式，可重点清洁选定区域或自适应清洁，智能更省心。同时具有安全保障，智能保留电力，突遇断电后可持久吸附15分钟，让机器工作不留隐患。可以预见，当这种机器人批量生产并广泛应用之后，智能"蜘蛛人"外墙高空危险作业可望实现。

机智大时代带来了一场革命，这样的浪潮正在奔腾不息。无人快递、无人驾驶、无人加油站、无人餐厅、无人超市、无人服装店将相继问世的同时，一个令人脸红心跳的新科技也应运而生：性爱机器人。

2017年美国Abyss Creations公司生产出全球第一款可私人定制的智能性爱机器人"和谐"（Harmony）。他们给"和谐"设计了超过30款不同的面孔，从黑人到黄种人应有尽有，而为了追求完美，设计师们会亲手为这些天使面孔进行打磨，一个小小的雀斑都要亲手一点点喷上去。不仅如此，设计师还给它设计了不同的胸部大小，从平胸到F杯都有。真正让这款娃娃闻名于世的，是它出彩的人工智能部分。"和谐"的皮肤里被设计师植入了无数的感应点，可以感受人手的温度和力度，并随之作出反应，甚至性爱过程中，"和谐"也可以根据主人的声音进行各种不同的回应。除此之外，设计师们还为"和谐"研发了18种人格类型，只需要在手机等智能设备上安装APP，就可以自行定制想要娃娃表现的情感和性格。这样的性爱机器人每个售价为12000英镑，折合为8万多元人民币。

就在网友们还在为这款机器人的技术感到新奇时，中国研发的性爱机器人也悄然问世了。这家名叫Exdoll的公司位于辽宁省大连市，一直以来致力于研发高品质成人玩具。目前为止，这家公司每个月都会生产1000

多台私人定制的性爱机器人。这些机器人的功能基本上和前面提到那款Harmony差不多，但是价格却只有它的四分之一，大概是人民币25000元。这里的每一款娃娃都会由设计师亲手来打造，从眼球的打磨到精致的妆容，都是独一无二的。

这家公司的首席设计师表示，2019年开发出来的新款娃娃不仅仅是一个性爱机器人，还可以承担更加丰富的角色，比如陪伴孤寡老人，做医疗助理和接待员，这些角色需要的可就不是外貌上的性感和简单的语言沟通了。"我们将会在娃娃的身体内部放置一个升级的内置麦克风，让她更好地对对话进行回应，当你在说了一个笑话时，她会陪着你一起哈哈大笑。除此之外还会被开发出更多功能，比如放音乐，做家务，帮你洗碗。"

科学家们预测，到2050年，人类与机器人之间的性爱将超越人与人之间的性爱。美国艾奥瓦州柯克伍德大学机器人专家乔尔·斯奈尔警告称，与机器人的性爱可能让人上瘾，将来甚至可能完全取代人与人之间的性爱。

而这其中最值得探讨的问题是：在智能产品的冲击下，人类的爱情会消失吗？

第一个话题，人世间的真爱真的能永恒吗？许多人会说，两个相亲相爱的人相处久了，就会互相暴露缺点，若能相互包容就能继续生活在一起，反之就可能分道扬镳或移情别恋。而对于一台性爱机器人来说，它从外到内一切都是可以设定的。它的个性单纯，只要设定的程序不出问题，它今生永远都忠诚于你！所以它有可能是最完美的情人：它的面部表情，身材身高，都和你的梦中情人分毫不差，它不需要被负责和过多关注，不会衰老，不会发胖，不发脾气。乔尔·斯奈尔认为："不止是性爱，人们还可能选择与虚拟现实中的伴侣坠入爱河。随着虚拟现实带来更强烈的现实感，人们会沉浸其中，机器人能模仿甚至超越人和人的体验，可以想象，某些人将更倾向于选择这种方式，而不是与不太完美的人类进行性爱。"

若是如此，我们不得不面临一个残忍的事实：未来社会，人将变得越来越个体化，越来越孤独。还有人认为，未来世界人都是以"个体"为单位的，家庭、企业等各种组织都会被断裂开来，因为在科技的辅助下，人

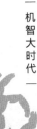

类的需求会被最大化的满足，以至于人类会越来越自私，越来越自我，活在自己的世界里。

伦理学家叩问：人类会不会有这么一天，传统的爱情观彻底消失，因为这个世界上，无论是男人还是女人，没有任何人能够完全彻底忠诚于你，除了一台机器之外。

机器是冷的，人心是暖的。更多的人坚信：人类繁衍数千年，生生不息。情与爱是支撑人类前行不可或缺的重要原动力。人类对真爱的追求恒久不变。机械和科技可以改变性，但它代替不了灵与肉的融合，也代替不了两情相悦的幸福，更替代不了血脉相连生命共同体的相互依存。机器再神奇，也始终代替不了真实的人。

2018年8月19日，在世界机器人大会上，世界机器人大会专家委员会委员王田苗发布了研究报告《机器人十大新兴应用领域2018—2019》。十大新兴应用领域分别为仓储和物流、消费品加工制造、外科手术及医疗康复、楼宇和室内配送、智能陪伴与情感交互、复杂环境与特殊对象的专业清洁、城市应急安防、影视作品拍摄与制作、能源与矿产采集、国防与军事。

据国际机器人联合会IFR过去的不完全统计，从2015年到2018年，全球个人、家庭用服务机器人的销量将会达到2590万台，市场规模将超过2014年的5倍，上升至122亿美元，专业服务用机器人市场规模也接近2014年的5倍，高达196亿美元，销量将会达到15.2万台。

机器人生态圈正在链接构成。机器人将与人类共生共融，这必然会引发我们对于伦理、道德、情感、价值观、生存模式、立法等的全新思考。

智能化大时代，我们都将面对一个严峻的问题：人类机器化，机器人类化。人类正在"去感情"的路上奔行，我们将变得越来越理性、麻木、机械化，对一切都漠不关心，就像一台台设定了既定程序的机器。尤其是生活在一线城市的人们，大家整日奔波于各种场合之间，各种商务洽谈眼花缭乱，各种社交聚会就像逢场作戏，看着笑脸相迎，实际内心冷如机器。我们的语言、情感、生活正趋向于格式化，我们的基因也正在一段接一段地被破解，新的人类生命可以预先按需设计，人类正在沿着一条不可逆的路径走向机器化。

而机器却在不断"加感情"，机器正在尝试跟人类去沟通，他们试图变得有感情，去读懂人类的心理变化，比如情感语音合成，使机器人在情绪表达、情绪沟通上逐渐有了人格特征，甚至满足人类生理心理需求，这就是智能机器的发展方向。

雨果·德·加里斯被认为是人工大脑之父，他开创了"可进化硬件"研究领域，是可进化硬件和进化工程学的奠基人。加里斯1947年出生在澳大利亚悉尼，23岁在墨尔本大学拿到应用数学和理论物理的荣誉学士学位，随后进入剑桥大学，5年后进入布鲁塞尔大学攻读人工智能和人工生命博士学位。此后8年他致力于研制世界人工大脑。2000年，加里斯从布鲁塞尔政府获得100万美元的研究资金，回到比利时布鲁塞尔制造人工大脑，研发出可控制数百个行为能力的机器人。2001年9月11日，加里斯来到美国犹他州州立大学任计算机教授，继续进行人工智能研究。加里斯的工作赢得了全世界的关注，被世界传媒称为"人工大脑之父"，一个造"神"的人。加里斯曾是美国犹他州、比利时布鲁塞尔、日本东京等重点实验室的人工智能带头人，负责完成了世界上四个"人工大脑"中的两个，一个在日本，一个在比利时。其中，在日本的人工大脑与家猫的智力相当。

加里斯认为，人工智能迟早会超过人类。人脑的转换能力是10^{16}/秒，而人工智能机器的运算速度高达10^{40}/秒，是人脑水平的10^{24}倍。那时候，它们对待人类可能就像拍死一只蚊子这么简单。加里斯预测，人工大脑并不会立即控制人类，此前还会有一段与人类"和平相处"的时期。这一时期它不断接近但尚未超越人的智力水平，因此"聊天机器人""家务机器人""伴侣机器人"将使人类的生活充满乐趣，但这样的美景并不会长久，人工大脑的继续发展将使人类面临灾难。在灾难来临前，所有的人类将分为三派：宇宙主义者（主张发展人工智能的人）、地球主义者（反对发展人工智能的人）和人工智能控制论者（将自己改造成机器人的人）。也许在人工大脑对付人类之前，这三类人会先展开人类内部的斗争。

"这不是天方夜谭，一切变为现实只是时间问题，也许你的孙子一代就将经历这样的事情。"加里斯说。早在2000年，"人工智能战争史

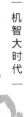

上的第一枪"就打响了，人工智能芯片就被植入控制论学者凯文·沃里克博士体内。依靠这枚芯片，沃里克博士无须张口说话就能与自己的妻子进行意识交流。"从内心深处说，我是一个宇宙主义者，因为如果有能力而不去做，那么对一个科学家来说是痛苦的。但我又非常矛盾，因为我不希望自己所做的一切最终毁灭人类。"在加里斯眼中，人工大脑研究无疑是极具诱惑力的，因为它可以使人造胚胎、飞秒开关、一进制等科学理想成为现实。但加里斯对人类的未来却是悲观的："我们是在制造上帝，还是在制造我们潜在的终结者？科技前进的脚步是挡不住的，也许我们只能期望，人工大脑最终能放弃地球去更广阔的宇宙，让人类在这里继续自由生存。"

如果继续按照这个思路发展下去，终于有一天，人类会变成机器，而机器也变成了人类。人类总有一天会发现：原来科技才是最大的敌人，因为它的终极目的是把人变成机器，再把机器变成人。于是，人类的灵性终将消逝在自己创造的文明里。而当机器有了灵性，开始在地球上行使上帝的权力，这也许会是人类的终极危机。

综观人类发展史，首要特征就是不断地发明工具，而这些工具所带来的改变往往出乎人类的意料。历史上这种由新工具造成的社会变革影响深远，如城市的崛起、寿命的延长、核武器的研发与使用。方兴未艾的机器人正在改变人类的视觉和行走能力、护理和战争，也必将重新定义我们的工作、生活甚至是生存方式。

所有技术的目的和意义，都是把人从重复性强又无趣的工作中解放出来。具体的实现路径有两条：一是满足娱乐性需求；二是满足工具性需求。机器人将带给我们更多美好而新奇的幻想，带给我们全新的社会生活方式。人机角色要进行再定位，是人机互换还是被彻底颠覆是个重要的问题。所有的这些都只是假设，所有的问题终将找到解决的办法。科技进步是时代的标签，技术革新带给人类生活更多的美好，这是必然的。

电影《终结者》台词："未来对我们而言就像深夜中的一条看不见尽头的蜿蜒公路，而人类在未加分隔的领域中，在前进的旅程上不断创造历史。"我们要坚信创新创造力是人类所独有的、机器根本无法模仿的最重

255

要的能力。创造的潜能是人类超越机器的最大优势。在机智大时代的浪潮席卷下，让我们一起用智慧去选择智能，用智慧去感受智能，用智慧去拥有智能，拥抱美好的明天。

2018年1月1日进行创作
2019年5月4日第二稿
2019年6月30日第三稿

"燧人氏"已经出版书目：

人文智慧译丛　39个不可逾越的哲学故事

人文智慧译丛　100个最脑洞的哲学故事

人文智慧译丛　哲学苍穹下的美好生活

人文智慧译丛　哲学有何用

人文智慧译丛　老子与莎士比亚的对话

人文智慧译丛　智慧与哲学

人文智慧译丛　人类学家是做什么的

雪漠动物小说　母狼灰儿

战马之歌

灵魂的重量

雪豹，或最后的诗篇

2020年将出版书目：

人生智慧枕边书　培根随笔

人生智慧枕边书　伊利亚随笔

人生智慧枕边书　人生的智慧

人生智慧枕边书　思想录

人生智慧枕边书　关于人的思考——人的本质、产物及发现

人文智慧译丛　再见了，孤独

人文智慧译丛　当我们遭遇生活

余江宅改

机智大时代——在智能机器人的老巢